# 素食调味教科书

美味 100%

成功率 100%

李耀堂 著

河南科学技术出版社

· 郑州 ·

## 作者介绍

### 李耀堂

**现任**

台湾南开科技大学餐饮管理系专技助理教授
瑞康屋烹饪老师

**著作**

《第一本素西餐料理书》
《鲜作手工抹酱100》
《无油烟轻松煮》
《素食好健康》
《好男人爱下厨》
《神奇米饭力量大》
《五星级常备菜》

**得奖记录**

2013韩国国际烹饪美食大赛个人展示菜金牌
2013马来西亚世界烹饪大赛金牌
2012第一届大甲妈祖"福佑平安"妈祖宴金牌
2011第三届海峡两岸烹饪邀请赛金牌
2010第六届韩国国际美食养生大赛金牌
2008第六届中国烹饪世界大赛美食展台金牌
2007第一届台北中华素食展金厨奖

# 享用健康的素食
# 是一件容易做到的事

做了这么多年的素食，操持过隆重的素食宴席，也进行着素食烹饪的相关教学，我一直遵循着"用天然的食材、食当季、用在地"的理念。这本书我准备了很长时间，因为在我心目中，健康的素食不但食材要接近天然，调味料也要天然，也就是要利用食材天然的味道去取代加工食品及食品添加剂。

本书除了教大家制作天然调味粉、调味液、调味酱及熬煮高汤外，常备常用的素料也与一般市面上加工合成的制品有别，我会教大家自制这些素料，再利用它们做出美味的素餐。我希望能给喜爱素料理的人分享我的观念和我的技法创意。

记得我人生中第一场比赛就获得冠军的作品，是用胡萝卜汁结合魔芋粉，利用油、冰水的比重原理，做成一颗颗素鱼子，再搭配清爽的油醋汁，最终获得评审的青睐。时至今日，我仍感恩当时"菩提金厨奖"素食比赛活动创办人瑞珍姐提供的舞台，让我得以挑战自己；也感谢制作人家铭哥的邀约，让我录制了超过10年的素食烹饪节目，为广大电视观众所熟知。

制作健康的素食并不是一件太难的事情，希望大家跟我一起来"素素"看！

# 目　录

## 制作前打好基础

## CHAPTER 1
## 厨房常备素调味料

# CHAPTER 2
## 美味加分的素料理

## Part3 美味饱足的米面食

## Part4 暖心暖胃的汤品

### 烹调说明

1 每个食谱中所标示的材料分量均为实际的重量，包含不可食用部分，如蔬果皮、果蒂、核、籽等；本书食谱中所有的食材请先洗净或冲净后再做处理，内文中不再赘述。

2 单位换算：1杯＝250毫升，1大匙＝15毫升，1小匙＝5毫升；少许=略加即可；适量=视个人口味增减分量。

3 材料和调味料排序原则：材料分量大或是主要材料放前面；调味料则是依照加入的顺序排列。

4 书中标示的素食种类，部分菜品因考量到使用的某些现成食材在制作过程中可能加了鸡蛋或奶制品，所以虽然整个烹饪过程并未添加鸡蛋或奶制品，依然会标示为"奶蛋素"。

吃好素，就从自制调味品开始～

# 制作前打好基础

做调味品虽然很简单，但还是有些小技巧，
先打好基础，助你轻松做出提鲜好味！

# 做素调味料前要知道的事

书中的调味料分成调味粉类、调味液酱类和调味蘸酱类。
列出要知道的事，让你制作时更得心应手。

## 制作前的准备

〔1〕工具清洗后彻底晾干

所有使用的工具都应清洗干净，清洗后要彻底晾干或擦干。因为自来水未经煮熟，里面有相当多的细菌等微生物，会让调味料腐败，使保存时间缩短，也影响健康。

〔2〕学会正确测量

调味的基本是从计量开始，除了要有计量的工具外，也要掌控量匙的正确使用方式。

☆1匙的量取

像糖、盐、面粉等颗粒或粉末状调味料，1匙的标准量取方式是：先将1匙舀满，再用刮刀（或铁汤匙柄或筷子）沿着汤匙边缘刮平，保持平匙的状态才是正确的。

☆1/2匙的量取

先将1匙舀满，用刮刀刮平表面，再用刮刀划分成两半，挖除一半分量。

☆适量、少许的定义

粉末状调味料示例：将盐放在食指和中指前端，以大拇指顶住，使盐不超过食指和中指第二指节的位置，此状态约是1/5小匙的分量，为适量。将盐放在食指前端，以大拇指顶住，使盐不超过食指第一指节的位置，此状态约是1/8小匙的分量，为少许。

★电子秤的使用

放上材料前或是放上盛装材料的容器后，指示数值必须归"0"才可开始计量。

## 制作时的10个诀窍

〔1〕挑选新鲜材料

采买材料时，要注意看制造日期和保存期限，不要买过期的材料。尽快在保存期限内用完材料，以免材料变质。

〔2〕材料先干燥

气候较为潮湿的地方，制作调味粉类时，可以在磨粉前先把材料放入干锅中，用小火略炒2分钟，除了让辛香料的香气散发外，还能将辛香料中多余的水分逼出，这样磨好的粉末不容易结块。

新鲜植物如香草等为了避免不易保存的问题，大部分会先烘干，或是放入油中煸干。若需使用新鲜的，使用前要用冷开水冲洗后擦干。因为煮过的冷开水细菌已被高温消灭，用冷开水清洗能减少香草等植物上附着的细菌，调味液中才不会混入太多细菌，更能保证品质。

### 〔3〕材料切碎

制作调味料，特别是液酱类，材料几乎都要先切碎。一方面做成酱的口感较好，另一方面炒的过程熟度也会一致。

### 〔4〕准备高汤

想做好素调味料，高汤是美味的基础，虽然家里几乎只用自来水来煮，但其实仅需运用一些蔬菜的梗芯或刨下的外皮就能做出简易高汤。最基本的素食高汤可运用花菜帮子、卷心菜、萝卜、海带煮制，再导入口味变化，如可添加腰果、花生等坚果增加香气，也可增加香茅、南姜、柠檬叶乃至番茄，这样就有了泰式风味；至于养生汤或药膳则是运用基本高汤，再增添自己喜爱的药材熬煮即可。

### 〔5〕爆香时机

爆炒要注意锅具是否适合。此外，每一种油均有各自的冒烟点，即便要预热，也建议采用中火以下的火力来升温；干锅加热后，再倒入油，在未产生烟点前放入准备炒香的材料拌炒，一来避免油氧化，二来食材也不易炒糊。

### 〔6〕材料放入顺序

炒酱料的顺序为：先炒香姜、香菇等香料，再依煮熟顺序放入其他食材及调味料，添加水后再煨煮，至酱料变稠。

### 〔7〕边搅拌边加热

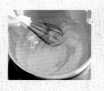

调制调味料，特别是液酱类经常会用锅加热。大多数液酱料属于较浓稠的液体，有时也会有一些辛香料颗粒或碎屑在其中，一不小心就会粘锅，造成酱料拌不匀，甚至焦黑产生异味。因此加热时应边加热边搅拌，如此可均匀加热，让酱料更好吃。

### 〔8〕混合酱料要轻轻搅拌

混合液酱料时，用搅拌器具轻轻搅拌混匀即可，尽可能不要用力打散。用力打散易造成气泡堆积，这样做出来的酱里面会有很多空气，保存时容易造成发酵或氧化现象，影响保存期限。

### 〔9〕酱汁稠度和味道

稠度是做好酱料的关键，稠度合适的酱料更能吸附在食物上，所以酱尽可能以酱汁多、配料少为前提；也有些酱带料，以便散发出该酱应有的味道。酱料的味道一般要比烹调上的口味来得重，咸度也要偏重些，香气也以偏浓郁为优先。

### 〔10〕善用材料提味

☆坚果类：是指富含油脂的种子类食物。要先烘烤过再放入使用，一方面可以增加人体健康油脂，另一方面也可以增加自制调味料和料理的香气。

☆辛香材料：去除了植物五辛的素食，缺乏五辛中的硫化物味道，可用香椿、刺葱等食材本身的香气来取代。无论烘干磨粉，还是新鲜的用于打酱，香椿、刺葱都有令人惊喜的天然效果，本书中也有大量运用。

# 调味料的保存与回温

## 〔1〕用玻璃瓶罐保存

＊在装入做好的调味料前，要将容器清洗并消毒，否则水里的细菌会将整瓶调味料破坏殆尽。建议使用玻璃瓶罐，不仅没有化学反应问题，通过透明的玻璃还能很方便地观察调味料的色泽与变化。

＊玻璃瓶的消毒方式：先将玻璃瓶洗干净，再将瓶子和盖子放入大汤锅里，倒入盖过瓶子的冷水，以大火烧开再煮约10分钟（若盖子不是玻璃材质，就烫约30秒先取出），水开后用夹子前后转动玻璃瓶，让玻璃瓶全身都能消毒，再用夹子取出，熄火，倒扣静置风干即可。

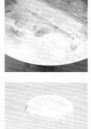

## 〔2〕调味粉类要放防潮包

调味粉保存时，可运用密封罐加上防潮包（食用干燥剂包）来减缓结块现象，或是在罐中放入适量冰糖或海盐原粒（或白米粒），这样撒的时候可增加摩擦力而使粉末松散。

## 〔3〕用干燥的工具取用酱料

取用酱料时使用的汤匙或筷子应干燥清洁，触碰过其他食物、沾过水的汤匙或筷子都不可拿来挖取酱料，以免混入杂菌。

### 完美的善后工作

用过的酱料容器经过清洗后，多少还会有残存的气味。这时可在水里加入少许白醋或柠檬汁，将容器与盖子浸泡其中，气味清除后再倒扣风干即可。

## 〔4〕尽快使用完毕

自制调味料建议一次不要做太多，尽快使用完毕，因为自制品全程均未添加防腐剂，保存期限比较短。做好后应放入冰箱冷藏，实际存放时间依书中针对每种调味料的保存时间与方法所给予的建议，不要超过建议时间，以免调味料变质腐坏。若发现已变味或有异物产生，应丢弃不用。

## 〔5〕不要放在温度过高处

可室温保存的调味料，不要放在灶具或会发热的物体边，避免因温度过高引发变质。

## 〔6〕放在恒温环境

存放调味料建议维持恒温环境。若从冰箱拿出，使用多少拿多少，不可冷热交替，冷热交替会加速调味料腐败。使用前须拌一拌使其均匀。

## 〔7〕回温要以小火加热

从冰箱拿出酱料时，若需要加热回温，可略加一点水煮开，加热时要用小火边搅拌边加热。若采用微波炉加热，则必须覆盖保鲜膜，并在加热30秒后，拿出来搅拌一下再加热30秒；若直接加热1分钟，会让酱汁底层烧焦。

## 〔8〕冷冻保存时，使用前一天移至冷藏室解冻

若是采用冷冻保存的调味料，使用前一天先移至冷藏室解冻，使用前再煮开或用干净的汤匙挖取所需分量。

# 好用工具

工欲善其事，必先利其器。
有好工具，让你做菜事半功倍。
下面介绍金牌主厨爱用的工具。

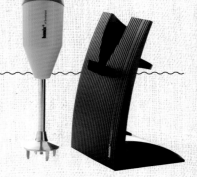

## ☆ 手持搅拌棒

又称为均质机。凭借离心高转速，搭配各式刀头可以将食物绞碎，迅速打成泥，可以打发蛋白或奶泡；搭配研磨盒可研磨香料粉、盐粉、冰糖粉，可以研磨酱料；搭配万用调理盒又可以变成食物调理机，让料理的作业时间大幅缩减。方便制作小分量满足家庭需求，不会因为机器太大型，导致制作量太多而吃不完。

**❶ 圆刀头：**刀头呈全平面圆形，略带斜度，可制造液态旋涡后将空气带入液体中，方便迅速打发蛋白。

**❷ 十字刀头：**属于万用刀头，可以打冰沙、拌面团或击碎、拌匀任何食材。

**❸ 多孔刀头：**圆形刀头中多了气孔洞，在高速搅拌时，利用气孔可以将液态的油或水迅速乳化至黏稠状。

**❹ S刀头：**是用来打碎高纤维蔬菜的最佳利器。

## ☆ 研磨盒

可以将食材或坚果、香料打成粉或酱；若是搭配研磨盖，可以将极少量的胡椒或芝麻研磨成粉。

## ☆ 万用调理盒

大S刀头可以将食物迅速调理或拌匀、打碎；换上切丝切片刀头，可把姜、萝卜等食物迅速切丝或切片。

## ☆ 易拉转

准备食材过程中会有很多要切碎的材料，不管是粗粒状还是细粒状，只要将材料放入容器中，以45度角往返拉扣，食材便能轻松切碎，且不沾手，蔬菜味道不会残留在手上。姜碎、胡萝卜泥等细碎的材料，均可以使用易拉转来处理，可以依照个人喜爱做粗细调整。清洗时只要加入适当的清洁液刷洗即可。

## ☆西餐刀

切菜，包括硬质的蔬菜可使用西餐刀，用右手以直切或拉切方式做切割，搭配左手C字形拱起将食材控制固定。初学者切到手，多是因为左手未注意到移位或拱起。

## ☆小刀

在对食材进行精细处理前，可以先用小刀削除菜帮子、硬皮等；或用来分割姜块等食材。

## ☆刨刀器&刨丝器

刀具采用双向设计，食材可以来回刨成丝状。可用来刨出大量卷心菜丝及姜片、萝卜片、小黄瓜片等。也可刨出等宽的丝，让食材可以很迅速地被刨成同样大小。

## ☆量匙

烹调或调味中，可利用量匙让调味更加稳定。

## ☆量杯

食谱配方中标示的1杯等于250毫升。此量杯也可以当粉末类材料的量杯使用，可利用附带的平匙将粉末刮平，让分量更准确。

## ☆刮刀

面糊类或锅中残留的酱汁等，可利用刮刀刮除干净；因为是硅胶材质制作的，可运用在不粘锅上，能耐高温至220℃，加热中也可使用。

## ☆计时器

可在烹调过程中计时，使用时仅需先上发条，旋转至50分钟，再回转至所需的时间即可。

## ☆油刷

原料材质是硅胶，可耐高温至220℃，可用于加热中的锅具。在锅中将少量的油脂利用油刷刷开，尽可能减少用油量。油刷不会掉毛，手把也是硅胶柄，不用担心发霉。

## ☆快易夹

快易夹可以在烹调时夹取食材，将食材翻面、拌炒，可以捣薯泥、捞面条，还可以当打蛋器使用。材质为不锈钢，可以放入洗碗机清洗或进行高温灭菌。

## ☆拌匙

拌炒时可以让匙尖贴近锅面，除了能顺利翻炒食材外，也可将菜品顺利铲起；起锅时又可将略带酱汁的成品盛盘。

## ☆食物剪刀

剪刀在厨房中是必备器具之一，可用来剪去枯黄的尾叶或多余的菜根、菜梗等；食物剪刀还兼具起子、夹子等功能，可用它来打开瓶盖式与压缩嵌入式的罐头，可用它来夹核桃。它还有粗梗卡位凹槽、香草叶梗分开口等功能设计。

## ☆不锈钢搅拌盆

制作时可以左手握住把手固定，盆就不易晃动。不锈钢盆内有刻度，方便材料计量；可运用大中小盆互套的方式，进行隔水加热、熔化奶油等操作。

# 基本高汤

## 海带蔬菜高汤 ＼分量：7升／

**·材料·**

| | |
|---|---|
| 海带（150克）—— | 3条 |
| 卷心菜 —————— | 1/4棵 |
| 白萝卜 ————————— | 1个 |
| 玉米 ————————— | 1个 |
| 水 ————————— | 7升 |

**·做法·**

① 海带用厨房纸巾擦拭表面灰尘，备用。

② 所有材料放入汤锅中，以中火煮沸后，转中小火维持沸腾状态熬煮30分钟。

③ 待汤头变成琥珀色、食材软化后，过滤出高汤即可。

**·要点·**

＊海带只要用厨房纸巾擦拭表面灰尘即可；若以清水清洗，要避免搓揉，以免将海带表面的矿物质洗掉。

## 泰式清汤 ＼分量：7升／

**·材料·**

| | |
|---|---|
| 新鲜香茅 —————— | 50克 |
| 南姜 ————————— | 20克 |
| 柠檬叶 ————————— | 10克 |
| 番茄 ————————— | 3个 |
| 海带（50克） | 1条 |
| 白萝卜 ————————— | 1个 |
| 水 ————————— | 7升 |

**·要点·**

＊若使用一般汤锅以煤气炉熬煮时，煮开后转小火熬煮可让汤头更加清澈。

＊可使用高压锅缩短熬煮时间，材料放入高压锅后，盖紧锅盖，开中小火煮至压力阀上升至两条线后，转小火计时5分钟，熄火，待压力阀下降泄压即可。高压锅水位可以掌控在八分满，利用高压原理将精华萃取出来。

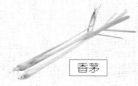 香茅     南姜     柠檬叶

**·做法·**

① 香茅用刀背拍扁，逼出精油备用。

② 海带用厨房纸巾擦拭表面灰尘，备用。

③ 所有材料放入汤锅中，以中火煮沸后，转中小火维持沸腾状态熬煮30分钟。

④ 待白萝卜软化后，过滤出高汤即可。

1

❶ 熬煮时水分会蒸发掉，必须随时注意添加热水，以保持适当的水量。

❷ 熬煮好高汤后过滤出的蔬菜料，可以搭配书中的海山酱当成关东煮或小菜食用，亦可以入菜。

❸ 提炼好的高汤，可以利用制冰盒结成高汤块后，依口味分包冷冻，烹煮时依照口味添加即可。

❹ 大量保存时应冷冻，可保存约3个月。若是冷藏请3天内食用完毕。

# 香草高汤 ＼分量：7升／

## ·材料·

| | | | |
|---|---|---|---|
| 西芹 | 600克 | 芥末籽 | 1/2小匙 |
| 胡萝卜 | 600克 | 迷迭香 | 10克 |
| 海带 | 30克 | 百里香 | 10克 |
| 月桂叶 | 5片 | 鼠尾草 | 10克 |
| 黑胡椒粒 | 1大匙 | 棉绳 | 1根 |
| 白胡椒粒 | 1大匙 | 水 | 7升 |

## ·要点·

＊此高汤味道偏向西式风味，可运用在西式料理中。

＊新鲜香草可在熬煮过程中途再放入高汤中，以免新鲜香草精油的香气经长时间熬煮后变得单薄。

＊新鲜香草也可以用干燥香草来取代，分量为迷迭香、百里香、鼠尾草各5克。若使用干燥香草，要用棉布袋装起来使用。

迷迭香

百里香

鼠尾草

芥末籽

2-1

## ·做法·

❶ 海带用厨房纸巾擦拭表面灰尘。西芹切段，备用。

❷ 取1段西芹、1片月桂叶、迷迭香、百里香、鼠尾草，用棉绳绑起来，作为香草束备用。

❸ 取汤锅加入水，再加入海带、香草束及其余材料。

❹ 以中火煮沸后，转小火熬煮30分钟，过滤出高汤即可。

2-2

3-1

2-3

3-2

CHAPTER 1

# 厨房常备

## 素调味料

基本调味粉类**10**种

增味调味粉类**6**种

基本调味液酱类**12**种

增味调味液酱类**20**种

调味蘸酱类**8**种

紫苏盐粉

盐粉

冰糖粉

# 紫苏盐粉

〔保存〕冷冻X | 冷藏X | 常温1个月

·材料· ＼分量：约25克／

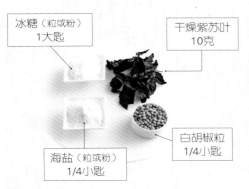

冰糖（粒或粉）
1大匙

干燥紫苏叶
10克

白胡椒粒
1/4小匙

海盐（粒或粉）
1/4小匙

·做法·

❶ 将冰糖、海盐、白胡椒粒放入研磨盒中，盖上盖子。

❷ 放上搅拌棒，以快速打成粉末状。

❸ 加入干燥紫苏叶后，再次打成粉末状即可。

·要点·

＊紫苏叶无论是绿色还是红色叶子均可使用，前提是务必烘干后再研磨，夏天气候干燥时也可晒干后再研磨。

---

# 冰糖粉

〔保存〕冷冻X | 冷藏X | 常温1年

·材料· ＼分量：约50克／

原色冰糖50克

·做法·

将原色冰糖放入研磨盒中，盖上盖子，放上搅拌棒，以快速打成粉末状即可。

·要点·

＊原色冰糖为较原始天然的糖，甜度也比白糖低且不过分甜。

＊打好的糖粉可用密封罐装起来保存，气候较为潮湿的地方，可搭配防潮包来保存。

---

# 盐粉

〔保存〕冷冻X | 冷藏X | 常温1年

·材料· ＼分量：约50克／

海盐50克

·做法·

将海盐放入研磨盒中，盖上盖子，放上搅拌棒，以快速打成粉末状即可。

·要点·

＊海盐除了包含天然矿物质之外，还含有人体需要的碘。切记不可长期以市售玫瑰盐来取代海盐，因为玫瑰盐不含碘。

＊磨好的盐粉可放入密封罐搭配防潮包来克服结块问题。但本书中是少量制作，基本上3天即可使用完毕，这样就没有受潮的顾虑了。

黑胡椒盐

白胡椒盐

## ⦿° 黑胡椒盐

〔保存〕冷冻X | 冷藏X | 常温3个月

·材料· ＼分量：约75克／

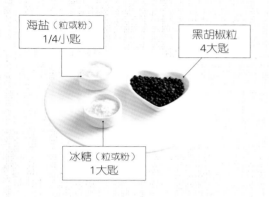

海盐（粒或粉）
1/4小匙

黑胡椒粒
4大匙

冰糖（粒或粉）
1大匙

·做法·

① 将黑胡椒粒放入研磨盒中，盖上盖子，放上搅拌棒，以快速打成粉末状。

② 再加入冰糖、海盐，盖上盖子，再次打成粉末状即可。

·要点·

＊黑胡椒的功用与白胡椒相同。黑胡椒因为是带皮烘烤的胡椒，所以味道比白胡椒重，更适合重口味料理。

---

## ⦿° 白胡椒盐

〔保存〕冷冻X | 冷藏X | 常温3个月

·材料· ＼分量：约140克／

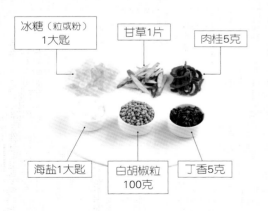

冰糖（粒或粉）
1大匙

甘草1片

肉桂5克

海盐1大匙

白胡椒粒
100克

丁香5克

·做法·

将所有材料放入研磨盒中，盖上盖子，放上搅拌棒，以快速打成粉末状即可。

·要点·

＊白胡椒粒、肉桂、丁香、甘草若先放入干锅以小火炒过，待凉后再来研磨，除了可增加香气，还可研磨得更为细致。

＊市售的白胡椒盐几乎都加有食品添加剂，有的还加防潮粉末来防止受潮，相对来说不那么健康。

香菇粉

白胡椒粉

玫瑰花盐粉

# 香菇粉

· 材料 · ＼ 分量：约45克 ／

冰糖（粒或粉）
1/4小匙

白胡椒粒
1/4小匙

干香菇
3大朵

玫瑰盐
1大匙

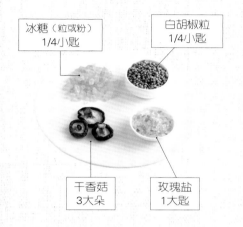

· 做法 ·

将所有材料放入研磨盒中，盖上盖子，放上搅拌棒，以快速打成粉末状即可。

· 要点 ·

＊自制香菇粉是以最天然原貌的干香菇来研磨的，干香菇越干，磨的粉末越细。若干香菇受潮了，研磨出来的粉末相对会粗些。干香菇本身越香，研磨出的香菇粉也就越香。

---

# 白胡椒粉

· 材料 · ＼ 分量：约45克 ／

白胡椒粒3大匙

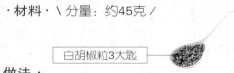

· 做法 ·

将白胡椒粒放入研磨盒中，盖上盖子，放上搅拌棒，以快速打成粉末状即可。

· 要点 ·

＊白胡椒粉是以原粒来做研磨，研磨前可以将原粒放入干锅中以小火拌炒，除能增加香气外，也可以让多余的水分挥发。

＊白胡椒粒是已去除外皮的胡椒，所以较为淡雅清香，非常适合用在汤类和清淡风味的料理中。中药行可以买到。

---

# 玫瑰花盐粉

· 材料 · ＼ 分量：约30克 ／

海盐（粒或粉）
1/4小匙

干燥玫瑰花30克

· 做法 ·

❶ 取下干燥玫瑰花花瓣，放入研磨盒中。

❷ 加入海盐，盖上盖子，放上搅拌棒，以快速打成粉末状即可。

· 要点 ·

＊玫瑰花具有独特的香气，但因花瓣中的单宁酸带苦涩味，所以用量要适当，不要加入太多，而且只取花瓣来制作。

＊打好的玫瑰花盐除了烹调时入菜以外，也可以搭配油炸食物蘸食或撒在油炸食物上。

海带粉

蔬菜调味精

## 海带粉

〔保存〕冷冻X | 冷藏X | 常温1个月

·材料· \ 分量：约80克 /

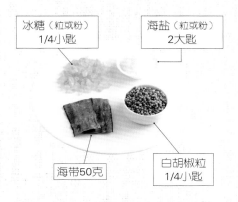

冰糖（粒或粉）
1/4小匙

海盐（粒或粉）
2大匙

海带50克

白胡椒粒
1/4小匙

·做法·

❶ 海带用厨房纸巾擦拭表面灰尘，用剪刀剪成1厘米见方的小片。

❷ 将所有材料放入研磨盒中，盖上盖子，放上搅拌棒，以快速打成粉末状即可。

·要点·

＊干燥的海带仅需用厨房纸巾擦拭表面灰尘即可。因海带有厚度和韧性，且其湿度也会影响研磨程度，所以也可选择较薄的海带芽取代海带。

＊海带可以先剪成小片，再放入干锅以中小火拌炒，使水分充分挥发之后更容易研磨。

## 蔬菜调味精

〔保存〕冷冻X | 冷藏X | 常温1个月

·材料· \ 分量：约110克 /

海带芽1大匙

海盐（粒或粉）
1/4小匙

白胡椒粒
1大匙

烤过的腰果
1大匙

脱水蔬菜50克

冰糖（粒或粉）
1大匙

·做法·

将所有材料放入研磨盒中，盖上盖子，放上搅拌棒，以快速打成粉末状即可。

·要点·

＊具备特殊香气的腰果除能增加食物的风味以外，也是天然油脂的最佳来源；而脱水蔬菜可以取代味精，增添食材原始的甜味。

刺葱胡椒盐粉

万用香料粉

## 刺葱胡椒盐粉

〔保存〕冷冻X | 冷藏X | 常温3个月

·材料· \ 分量：约90克 /

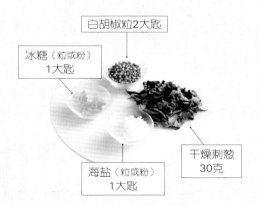

白胡椒粒2大匙

冰糖（粒或粉）
1大匙

干燥刺葱
30克

海盐（粒或粉）
1大匙

·做法·

将所有材料放入研磨盒中，盖上盖子，放上搅拌棒，以快速打成粉末状即可。

·要点·

＊干燥刺葱的做法：摘下刺葱叶片，撕除中间的筋刺（详见P36），平铺在烤盘上，放入预热至180℃的烤箱中，烘烤5分钟至干酥状。

＊刺葱越干燥，研磨的粉末越细，所以要将刺葱烘至酥脆状。

## 万用香料粉

〔保存〕冷冻X | 冷藏3个月 | 常温1个月

·材料· \ 分量：约130克 /

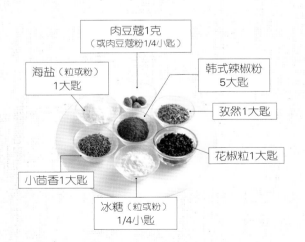

肉豆蔻1克
（或肉豆蔻粉1/4小匙）

海盐（粒或粉）
1大匙

韩式辣椒粉
5大匙

孜然1大匙

花椒粒1大匙

小茴香1大匙

冰糖（粒或粉）
1/4小匙

·做法·

将所有材料放入研磨盒中，盖上盖子，放上搅拌棒，以快速打成粉末状即可。

·要点·

＊若想要增加香气，可将肉豆蔻、花椒粒、小茴香和孜然先放入干锅以小火烘烤，待凉后再研磨会更香。

＊肉豆蔻较为坚硬，可以先研磨肉豆蔻后，再加入其他材料进行研磨。

沙茶粉

中式香料粉

# 沙茶粉

〔保存〕冷冻X | 冷藏2个月 | 常温X

· 材料 · \ 分量：约200克 /

椰子粉2大匙

五香粉1/4小匙

辣椒粉
1大匙

小茴香粉
1/8小匙

花生粉
3大匙

白胡椒盐
2大匙（见P21）

肉桂粉
1/8小匙

白芝麻粒
1大匙

· 做法 ·

将所有材料混合拌匀即可。

· 要点 ·

＊因含有花生粉，所以做好后要冷藏保
存。

＊辣椒粉可以依照个人喜爱的辣度去调
整。

＊沙茶粉可以用于烧、炒等烹饪方式，适
合重口味料理使用。

# 中式香料粉

〔保存〕冷冻X | 冷藏3个月 | 常温1个月

· 材料 · \ 分量：约120克 /

八角1大匙

花椒1大匙

小茴香1大匙

桂皮1大匙

白胡椒粒
2大匙

丁香1大匙

海盐（粒或粉）
1/4小匙

冰糖（粒或粉）
1/4小匙

· 做法 ·

① 干锅加入八角、小茴香、
丁香、桂皮、花椒，以小
火干炒至香气十足后起
锅，待凉。

② 将做法1的材料放入研磨盒
中，再加入海盐、冰糖和
白胡椒粒。

③ 盖上盖子，放上搅拌棒，
以快速打成粉末状即可。

1-1

1-2

· 要点 ·

＊香料用干锅以小火烘烤除能增加香气外，还可以去除
水分。

＊研磨好的香料粉可以当卤味提香粉取代卤包，或加入
荫油（见P34）中制作成香料荫油（荫油220毫升加2
大匙中式香料粉，浸泡7天），来取代荫油使用，用
来炒豆干会增添香料味。

姜黄咖喱粉

柠香芥末盐粉

# 姜黄咖喱粉

〔保存〕冷冻X | 冷藏3个月 | 常温1个月

·材料· \ 分量：约135克 /

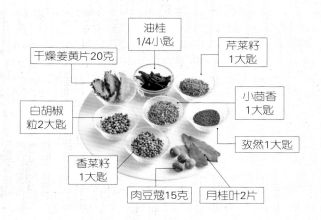

干燥姜黄片20克

油桂
1/4小匙

芹菜籽
1大匙

白胡椒
粒2大匙

小茴香
1大匙

孜然1大匙

香菜籽
1大匙

肉豆蔻15克

月桂叶2片

·做法·

将所有材料放入研磨盒中，盖上盖子，放上搅拌棒，以快速打成粉末状即可。

·要点·

＊香菜籽、芹菜籽可以增加香气，可到中药行购买。

＊研磨后的姜黄咖喱粉，烹煮时可以让咖喱更迅速入味。

＊可以购买新鲜姜黄自行制作干燥姜黄片。先将姜黄刮去外皮，切薄片以烘干机约50℃烘烤30分钟，或是晒干。

# 柠香芥末盐粉

〔保存〕冷冻X | 冷藏X | 常温3个月

·材料· \ 分量：约90克 /

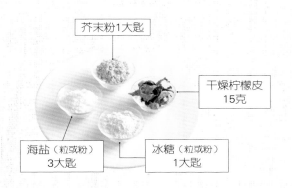

芥末粉1大匙

干燥柠檬皮
15克

海盐（粒或粉）
3大匙

冰糖（粒或粉）
1大匙

·做法·

将干燥柠檬皮、海盐、冰糖放入研磨盒中，盖上盖子，放上搅拌棒，以快速打成粉末状，再加入芥末粉拌匀即可。

·要点·

＊也可以搭配干燥的柳橙皮一起研磨。

＊干燥柠檬皮的做法：柠檬洗干净后，用刨刀刨下绿色表皮（不要刨到白色内皮，以免增加苦味），铺在厨房纸巾上晒干即可。

# 迷迭香橄榄油

·材料· \ 分量：约500毫升 /

橄榄油2杯

新鲜迷迭香30克

·做法·

1 倒1杯橄榄油至锅中。

2 开小火，放入迷迭香，煸至水分蒸发、没有泡泡后即可熄火。

2-1

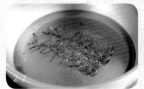
2-2

2-3

3 再加入其余橄榄油混合，等待降温后装瓶即可。

3

·要点·

* 新鲜迷迭香要先用部分橄榄油，以约100℃的低油温煸除多余水分，除可避免橄榄油变质外，又可让精油散布在橄榄油中。

* 若选择使用干燥迷迭香（分量25克），可以直接浸泡于常温橄榄油中，浸泡约4天后即可使用。

* 迷迭香亦可以换成百里香、鼠尾草，或是加点辣椒一起泡，做成不同风味的香草油。

* 可用来蘸面包吃，或是做沙拉、西式烹调的料理、意大利面、炖饭等，能提香或增加食物风味。

鼠尾草　百里香　辣椒

# 姜麻油

〔保存〕冷冻1年｜冷藏2个月｜常温X

·材料·＼分量：350克／

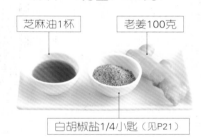

芝麻油1杯　老姜100克

白胡椒盐1/4小匙（见P21）

·做法·

① 将老姜磨成姜泥。

② 起锅，加入芝麻油，以小火炒香姜泥至缩水变浓稠。

③ 再加入白胡椒盐拌匀即可熄火。

·要点·

* 姜的含水量大，炒制的过程中，姜泥缩水越多，保存的期限就越长。

* 芝麻油比较不耐高温，亦可先用耐高温的油去拌炒姜泥后，再将姜泥加入芝麻油中。

* 有了姜麻油就可以省下料理时非常多的爆香程序。除了为料理提香之外，姜麻油也可作为火锅的蘸酱，还可拌面、拌饭等。

# 咖啡酱油

· 材料 · ＼分量：约400毫升／

荫油1瓶（400毫升）　　咖啡豆4大匙

· 做法 ·

将咖啡豆放入荫油瓶中，浸泡7天即可。

· 要点 ·

＊ 咖啡豆可以选择重烘焙的咖啡豆，味道较重，也较容易与荫油融合。

＊ 咖啡酱油可以用来做咖啡蛋、咖啡豆腐、咖啡豆干等。因荫油已有咖啡香，所以不适合再与卤包搭配使用，免得香气被压掉。

咖啡酱油

海带酱油

# 海带酱油

〔保存〕冷冻X | 冷藏1个月 | 常温X

· 材料 · ＼分量：约400毫升／

荫油1瓶（400毫升）　　海带2条

· 做法 ·

海带用厨房纸巾擦拭表面灰尘，放入荫油瓶中浸泡7天即可。

· 要点 ·

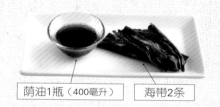

＊ 请使用清透的荫油来浸泡。因荫油没有添加防腐剂，所以浸泡后要放置冰箱冷藏保鲜。

＊ 荫油是指采用黑豆天然酿造的酱油，经过120天的曝晒发酵而成。这样的荫油味道香浓、口感甘醇，且不含防腐剂、味精、糖精、人工色素和麸质过敏原，很适合作为调味料的基底。

# 椒麻辣油

· 要点 ·

＊加热时温度不能过高，以免粉末焦掉发苦。

· 材料 · ＼分量：约1180克／

葡萄籽油4杯

细辣椒粉 4大匙

粗辣椒粒 4大匙

花椒粉 1大匙

熟白芝麻 3大匙

· 做法 ·

① 将葡萄籽油倒入锅中，以小火加热至略有油纹的程度，约70℃。

② 倒入细辣椒粉、粗辣椒粒和花椒粉拌匀，继续以小火加热至油脂变红后熄火。

③ 再加入熟白芝麻混匀即可。

# 刺葱油

〔保存〕冷冻1年 | 冷藏1个月 | 常温X

·材料· ＼分量：约300克／

刺葱50克

葡萄籽油1杯

·做法·

❶ 摘下刺葱叶片，撕除叶片中间的筋刺。

1-1

1-2

1-3

❷ 放入调理盒中，加入葡萄籽油，以快速打成泥状即可。

·要点·

＊刺葱油以新鲜刺葱制作，保存时是靠油封去阻隔空气以防氧化；所以要经过烹调才可以让香气充分散发出来。

＊刺葱香气强烈，用来煎蛋、炒面、炒豆腐或凉拌豆腐都很合适。因其叶片带筋刺，务必先将筋刺小心去掉。

# 辣椒酱

〔保存〕冷冻1年 | 冷藏2个月 | 常温6天

·材料· ＼分量：约600克／

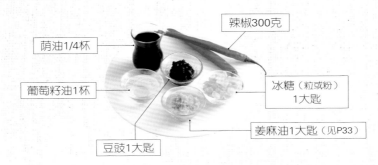

- 荫油1/4杯
- 葡萄籽油1杯
- 辣椒300克
- 冰糖（粒或粉）1大匙
- 姜麻油1大匙（见P33）
- 豆豉1大匙

·做法·

1. 辣椒洗净后擦干，去除绿色的蒂头，放入调理盒中打碎。

2. 起锅，倒入葡萄籽油以中小火加热，放入辣椒碎拌炒约20分钟至浓稠状。

3. 再加入荫油、姜麻油、冰糖和豆豉拌炒均匀，转小火继续煮约5分钟即可。

·要点·

* 若想增加辣度，可添加朝天椒，视个人喜欢的辣度加减即可。

* 用油封方式保存（油可以阻隔空气），取用时要用干净的汤匙，避免污染而发霉。

* 熬煮时把辣椒熬煮熟烂点，将水分含量尽可能降低，可延长保存期限。

# 香菇素蚝油

香菇粉
1大匙（见P23）

姜麻油
1大匙（见P33）

荫油2杯

糯米粉2大匙

味霖4大匙

海带蔬菜高汤
3大匙（见P14）

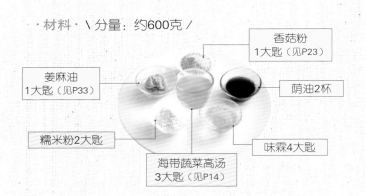

·做法·

❶ 将糯米粉和海带蔬菜高汤调匀，备用。

❷ 将荫油放入锅中以小火加热，加入味霖、香菇粉、姜麻油拌匀。

2-1

2-2

❸ 煮沸后再加入做法1调好的粉汁勾芡，边煮边搅拌至酱汁呈浓稠状即可（芡汁不用全倒入）。

3-1

3-2

· 要点 ·

\* 膏状的酱汁或蘸酱，通常会使用粳米粉或糯米粉勾芡，发霉的可能性相应也变大了，所以除了要冷藏保鲜外，取用时务必确保器具干净无水。

\* 香菇素蚝油适用于烩炒、红烧等烹调方式，因含有淀粉质勾芡，能扒附于菜品上，让成品更为亮丽。

红烧冬瓜（见P123）

# 海山酱

〔保存〕冷冻X｜冷藏6天｜常温X

· 材料 ·

\ 分量：500克 /

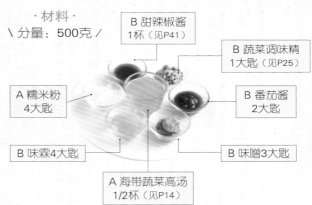

A 糯米粉
4大匙

A 海带蔬菜高汤
1/2杯（见P14）

B 味霖4大匙

B 甜辣椒酱
1杯（见P41）

B 蔬菜调味精
1大匙（见P25）

B 番茄酱
2大匙

B 味噌3大匙

· 做法 ·

① 将糯米粉和海带蔬菜高汤调匀，备用。

② 将材料B放入锅中以小火加热，煮沸后加入做法1调好的粉汁勾芡，再次煮沸即可熄火。

· 要点 ·

\* 酱汁中含有淀粉质，记得使用小火熬煮以免烧焦。

\* 味噌可以先取少量的海带蔬菜高汤搅拌化开后，再加入酱汁中煮，以免结块。

\* 市售海山酱多无素食标注，是属于植物五辛素，所以建议自己制作比较保险。

\* 海山酱非常适合搭配碗粿、素粽、关东煮食用，或是作为熬煮完高汤后过滤出的蔬菜蘸酱使用。

# 蔬菜醋汁

· 材料 ·

\ 分量：约1000毫升 /

白胡椒粒 1大匙

芥末籽1大匙

糙米醋4杯

西芹30克

黑胡椒粒 1大匙

月桂叶4片

胡萝卜30克

· 做法 ·

① 将西芹、胡萝卜切长段备用。

② 取玻璃瓶，放入西芹、胡萝卜、月桂叶、芥末籽、黑胡椒粒、白胡椒粒，再倒入糙米醋，室温浸泡7天即可。

蔬菜醋汁

水果醋

# 水果醋

〔保存〕冷冻X | 冷藏3个月 | 常温1个月

· 材料 · \ 分量：约800毫升 /

味霖1/2杯

糙米醋3杯

柠檬1个

海带1片

柳橙1个

· 做法 ·

① 将柳橙、柠檬洗净后擦干，切片备用。

② 海带用厨房纸巾擦拭表面灰尘，室温备用。

③ 取玻璃瓶，放入柳橙、柠檬、海带，再倒入糙米醋及味霖，室温浸泡7天即可。

· 要点 ·

＊水果洗净后务必擦干或自然阴干再进行浸泡。可以选择苹果、梅子、桑葚等水果来制作水果醋，梅子、桑葚整颗使用，苹果则切片后再进行浸泡。新鲜梅子浸泡时间较长，需4个月以上。

·要点·

＊蔬菜洗净后要擦干或自然阴干再进行浸泡。

＊浸泡后的蔬菜醋汁可以用来泡渍花菜、彩椒等蔬菜当开胃菜，原则上只要将蔬菜醋汁盖过蔬菜，按喜爱的甜咸度添加适量糖粉、盐粉，浸泡约3天即可食用。

彩椒

花菜

# 甜辣椒酱

〔保存〕冷冻X | 冷藏6天 | 常温X

·材料· ＼分量：约650克／

A 海带蔬菜高汤2杯（见P14）

A 冰糖（粒或粉）2大匙

A 细辣椒粉3大匙

B 蔬菜醋汁3大匙（见P40）

A 番茄酱3大匙

C 粳米粉4大匙

C 水6大匙

A 海盐（粒或粉）1/4小匙

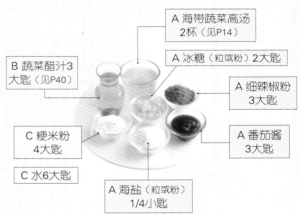

·做法·

① 将材料A放入锅中以小火加热，煮沸后加入蔬菜醋汁。

② 将材料C调匀后，倒入锅中勾芡即可。

·要点·

＊以粳米粉勾芡，冷却后酱汁会变得更浓稠一些，因此勾芡时要避免太稠。

＊虽然每种含淀粉的粉都可以勾芡，但做肉丸时常用的甜辣椒酱，要浓不要黏，所以用粳米粉勾芡最好，虽浓稠却清爽，用糯米粉勾芡会比较黏稠。

·材料· \ 分量：约480克 /

干猴头菇150克　素肉丁50克

香菇梗素羊肉
100克（见P78）

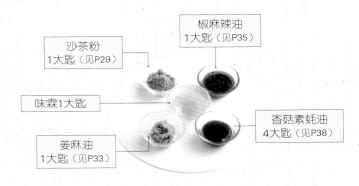

沙茶粉
1大匙（见P29）

椒麻辣油
1大匙（见P35）

味霖1大匙

姜麻油
1大匙（见P33）

香菇素蚝油
4大匙（见P38）

·要点·

＊猴头菇在烘干过程中会自然产生苦味，泡发时要重复挤干、换水的步骤5～6次，必须泡到挤出来的水从黄色变成无色。猴头菇上黑色的部分有更重的苦味，要切除。

＊用干猴头菇较适合，新鲜猴头菇偏软嫩，不太适合制作这道酱料；若想使用新鲜菇类，可以选择杏鲍菇或金针菇。

＊拌炒时缩水越多，保存时间相对也越长。

·做法·

❶ 干猴头菇泡水30分钟后，挤干水，切碎。香菇梗素羊肉切碎，备用。

1-1

1-2

❷ 素肉丁泡水软化后，挤干，备用。

2

❸ 起锅，放入姜麻油、香菇梗素羊肉以中小火炒香，再加入猴头菇、素肉丁一起拌炒至出现香味。

3-1

3-2

3-3

❹ 加入香菇素蚝油、椒麻辣油、味霖拌炒均匀，再加入沙茶粉及水1杯（分量外），继续以中小火熬煮15分钟即可。

4-1

4-2

# 素臊

〔保存〕冷冻3个月 | 冷藏7天 | 常温X

·材料· ＼分量：约600克／

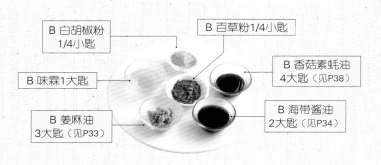

B 白胡椒粉
1/4小匙

B 百草粉1/4小匙

B 香菇素蚝油
4大匙（见P38）

B 味霖1大匙

B 姜麻油
3大匙（见P33）

B 海带酱油
2大匙（见P34）

A 干香菇30克

A 酱荫瓜50克

A 皮丝300克

·做法·

① 皮丝泡水软化，汆烫后
再清洗，挤干，切碎。

1-1

1-2

1-3

② 干香菇泡水软化，挤干
切小丁。酱荫瓜切碎，
备用。

③ 起锅，加入2大匙葡萄
籽油（分量外），放入
香菇以中小火炒香，再
加入皮丝拌炒均匀。

④ 加入酱荫瓜及材料B炒
匀后，再加入3杯水（分
量外），以中小火熬煮
25分钟至入味即可。

·要点·

＊百草粉香气较浓重，添加时勿过量。

＊皮丝是素食的干货，最常用于炖当归汤。是用油炸出来的
食品，不能直接食用。须先泡水半天，软化后再以滚水汆
烫清洗，去除多余的油脂后才能切开使用。

# 炸酱

·材料· ＼分量：约600克／

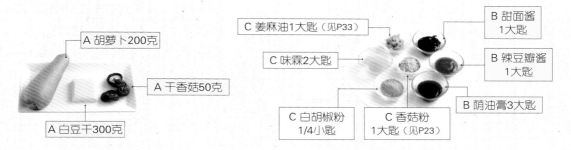

C 姜麻油1大匙（见P33）

B 甜面酱 1大匙

C 味霖2大匙

B 辣豆瓣酱 1大匙

A 胡萝卜200克

A 干香菇50克

B 荫油膏3大匙

A 白豆干300克

C 白胡椒粉 1/4小匙

C 香菇粉 1大匙（见P23）

## ·做法·

1. 白豆干切丁。胡萝卜去皮切丁。干香菇泡水软化，挤干切丁。

2. 起锅，锅中加入1大匙葡萄籽油（分量外），放入香菇以中小火炒香，再加入白豆干拌炒至焦香后，加入胡萝卜拌炒。

3. 加入材料B拌炒至香气十足，再加入材料C及水2杯（分量外），以中小火熬煮15分钟即可。

## ·要点·

＊市售甜面酱咸度、甜度不一，加入前要先尝一下甜咸，再决定加多少。

＊此道酱料因为使用的是新鲜白豆干，所以不适合冷冻保存，因为冷冻后豆干会脱水。若是不在意脱水现象，也可以冷冻保存。

# ♦♦+破布子冬瓜酱

〔保存〕冷冻3个月 | 冷藏7天 | 常温X

·材料· ＼分量：约200克／

冬瓜100克

姜麻油
1大匙（见P33）

香菇素蚝油
2大匙（见P38）

破布子100克

白胡椒粉1/4小匙

味霖1大匙

·做法·

① 冬瓜去皮切丁。破布子放入自封袋中，用手捏出籽，去籽，备用。

1-1

1-2

1-3

② 起锅，加入姜麻油、冬瓜，以中小火炒香后，再加入破布子、香菇素蚝油、味霖、白胡椒粉拌炒。

③ 加入1杯水（分量外），以中小火熬煮15分钟，待汤汁略为收干即可。

·要点·

＊冬瓜水分较多，所以煨煮拌炒的时间可以长一点，炒出来的冬瓜水也可增加甜味。

＊破布子的籽要先去除，食用时才不会硌到牙。

# 香椿酱

·材料· \ 分量：约230克 /

葡萄籽油1杯　　香椿50克

·做法·

1　一一撕掉香椿的叶筋。

2　用调理盒将香椿、葡萄籽油一起打成泥状即可。

1

·要点·

＊香椿洗净后擦干或自然晾干，可以延长保存期限。因是油封做法，建议冷冻保存，使用时取用适当分量即可。

---

# 咖喱酱

〔保存〕冷冻1个月 | 冷藏5天 | 常温X

·要点·

＊可以添加椰浆（1/4杯）来增加奶香味。

＊冷藏或冷冻过后要回锅加热时，由于较为浓稠，可添加适量高汤。

·材料· \ 分量：约600克 /

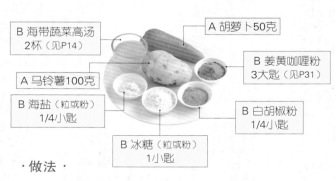

B 海带蔬菜高汤 2杯（见P14）
A 胡萝卜50克
A 马铃薯100克
B 姜黄咖喱粉 3大匙（见P31）
B 海盐（粒或粉）1/4小匙
B 白胡椒粉 1/4小匙
B 冰糖（粒或粉）1小匙

·做法·

1　马铃薯和胡萝卜分别去皮、切丁备用。

2　起锅，加入1大匙葡萄籽油（分量外），放入胡萝卜以中小火炒香。

3　加入马铃薯、姜黄咖喱粉拌炒，再加入其余材料B，以中小火熬煮15分钟。

4　再用调理盒打成泥即可。

# 金针菇酱（素干贝酱）

·材料·＼分量：约200克／

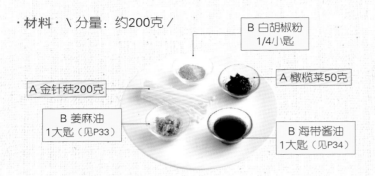

- B 白胡椒粉 1/4小匙
- A 金针菇200克
- A 橄榄菜50克
- B 姜麻油 1大匙（见P33）
- B 海带酱油 1大匙（见P34）

·做法·

❶ 金针菇切去尾端，切成2厘米长的段。

❷ 将油锅烧热至油温170℃，放入金针菇，以中小火炸至金黄色后，捞起沥干。

2-1

2-2

❸ 起锅，加入1小匙葡萄籽油（分量外），放入金针菇和橄榄菜，以中火拌炒，再加入材料B熬煮5分钟即可。

# 蜜汁烧烤酱

〔保存〕冷冻3个月 | 冷藏7天 | 常温X

·材料· ＼分量：约380克／

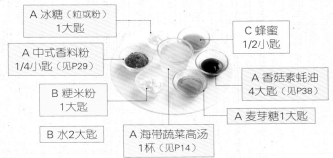

A 冰糖（粒或粉）1大匙

C 蜂蜜 1/2小匙

A 中式香料粉 1/4小匙（见P29）

A 香菇素蚝油 4大匙（见P38）

B 粳米粉 1大匙

A 麦芽糖1大匙

B 水2大匙

A 海带蔬菜高汤 1杯（见P14）

·做法·

1 海带蔬菜高汤放入锅中以小火煮开，再放入其他材料A煮至沸腾。

2 将材料B调匀，倒入锅中勾芡，待再次煮开加入蜂蜜拌匀即可。

---

# 椒麻芝麻酱

〔保存〕冷冻X | 冷藏7天 | 常温X

·材料· ＼分量：约220克／

姜麻油 1/2小匙（见P33）

椒麻辣油 1大匙（见P35）

味霖2大匙

蔬菜醋汁 2大匙（见P40）

荫油1大匙

白芝麻（烤过）1/2杯

·做法·

1 白芝麻放入研磨盒中，盖上盖子，放上搅拌棒，以快速打成粉末状。

2 再放入其他材料和冷开水1/4杯（分量外），以慢速打匀即可。

#  柠檬酸辣酱

〔保存〕冷冻X | 冷藏7天 | 常温X

・材料・\ 分量：约360克 /

冰糖（粒或粉）
1大匙

椒麻辣油
1大匙（见P35）

柠檬汁1大匙

酸辣汤酱（市售）
3大匙

泰式清汤
1杯（见P14）

柠檬叶6片

・做法・

❶ 将柠檬叶卷起，切丝后再切碎，备用。

1-1

1-2

1-3

❷ 将泰式清汤倒入汤锅中，以小火煮开。

❸ 加入酸辣汤酱、椒麻辣油、冰糖以小火继续煮3分钟，再加入柠檬叶、柠檬汁煮约2分钟即可熄火。

## 珍珠滑菇酱

·材料· \ 分量：约750克 /

海带20克
海带蔬菜高汤 2杯（见P14）
味霖1/2杯
珍珠菇100克
银杏果50克
海带酱油 1/2杯（见P34）

·做法·

① 海带用厨房纸巾擦拭表面灰尘，再用剪刀剪成丝状。

② 起锅，加入所有材料，以中小火熬煮10分钟即可。

## 刺葱香菇酱

·材料· \ 分量：约270克 /

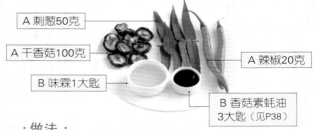

A 刺葱50克
A 干香菇100克
A 辣椒20克
B 味霖1大匙
B 香菇素蚝油 3大匙（见P38）

·做法·

① 摘下刺葱叶片，撕除中间的筋刺，切碎备用。

② 干香菇泡水软化，挤干切碎。辣椒去蒂头后切碎，备用。

③ 起锅，加入1/2杯葡萄籽油（分量外），放入香菇、辣椒以中小火炒香。

④ 再加入刺葱、材料B和水1/4杯（分量外），以小火熬煮5分钟，待汤汁略为收干即可。

# 豆豉萝卜酱

〔保存〕冷冻X | 冷藏1个月 | 常温7天

·材料· \ 分量：约200克 /

B 香菇素蚝油
2大匙（见P38）

B 白胡椒粉1/4小匙

A 咸萝卜干100克

A 湿豆豉50克

B 味霖1大匙

B 姜麻油
1大匙（见P33）

·做法·

1 咸萝卜干泡水15分钟，捞起沥干。

2 将咸萝卜干放入干锅中，以小火炒约5分钟至出现香气。

3 加入姜麻油拌炒约2分钟，再加入湿豆豉、其余材料B拌炒，略煮3分钟即可。

·要点·

＊咸萝卜干为腌渍品，使用前要先清洗并用水浸泡，以去除多余的咸味。但不宜浸泡太久，免得萝卜味没了。

＊豆豉要选用湿豆豉，这样才不会过咸。

# 黑胡椒酱

〔保存〕冷冻3个月 | 冷藏7天 | 常温X

·材料· ＼分量：约800克／

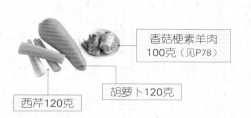

香菇梗素羊肉
100克（见P78）

西芹120克

胡萝卜120克

梅林辣酱油
2大匙

海带蔬菜高汤2
杯（见P14）

奶油1大匙

番茄糊2大匙

美极鲜味露
1大匙

月桂叶2片

黑胡椒粗粒100克

·做法·

❶ 胡萝卜去皮切碎。西芹和香菇梗素羊肉分别切碎，备用。

❷ 黑胡椒粗粒放入干锅以小火炒香，再加入奶油、番茄糊拌炒。

❸ 加入胡萝卜、西芹、香菇梗素羊肉及月桂叶，以小火拌炒3分钟。

❹ 再加入梅林辣酱油、美极鲜味露及海带蔬菜高汤，以小火熬煮6分钟即可。

# 荷兰酱

〔保存〕冷冻X | 冷藏7天 | 常温X

·材料· \ 分量：约200克 /

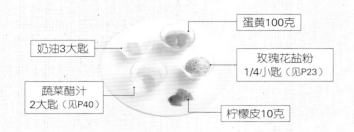

蛋黄100克

奶油3大匙

玫瑰花盐粉
1/4小匙（见P23）

蔬菜醋汁
2大匙（见P40）

柠檬皮10克

·做法·

① 柠檬皮切碎。奶油熔化，备用。

② 将一锅水煮开，关小火继续加热。另取容器加入蛋黄、蔬菜醋汁，隔水边加热边搅拌。

# 橙汁酱

〔保存〕冷冻3个月 | 冷藏7天 | 常温X

·材料· ＼分量：约450克／

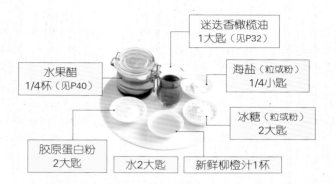

迷迭香橄榄油
1大匙（见P32）

水果醋
1/4杯（见P40）

海盐（粒或粉）
1/4小匙

冰糖（粒或粉）
2大匙

胶原蛋白粉
2大匙

水2大匙

新鲜柳橙汁1杯

·做法·

① 将新鲜柳橙汁、冰糖和海盐放入锅中，以
小火加热煮开约5分钟。

② 加入水果醋继续煮约3分钟。

③ 将胶原蛋白粉加水调匀，倒入勾芡，煮沸
后再加入迷迭香橄榄油混匀即可熄火。

❸ 加入熔化的奶油、柠
檬皮、玫瑰花盐粉，
搅拌至浓稠即可。

·要点·

＊烹煮时除应隔水加热
外，以小火加热至浓
稠后务必离火，免得
蛋黄过熟。离火后可
先用打蛋器搅拌至略
降温，以免过熟。

# 牛肝菌酱

·材料· ＼分量：约480克／

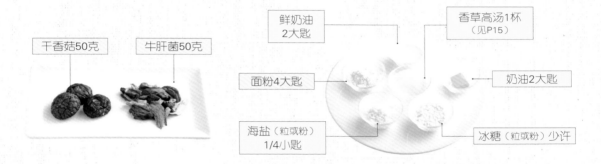

干香菇50克　　牛肝菌50克

鲜奶油2大匙

香草高汤1杯（见P15）

面粉4大匙

奶油2大匙

海盐（粒或粉）1/4小匙

冰糖（粒或粉）少许

·做法·

**❶** 清洗牛肝菌，泡水20分钟后切碎。干香菇泡水软化，挤干切碎，备用。

1

**❷** 奶油放入锅中加热熔化，放入牛肝菌、香菇以小火炒香，加入海盐、冰糖拌匀。

2-1

2-2

**❸** 再放入面粉拌炒均匀，分3次加入香草高汤，每次加入都以小火拌煮2分钟。

3-1

3-2

3-3

3-4

**❹** 最后加入鲜奶油煨煮1分钟即可熄火。

4-1

4-2

57

# 松露蘑菇酱

〔保存〕冷冻3个月 | 冷藏7天 | 常温X

· 材料 · ＼ 分量：约500克 ／

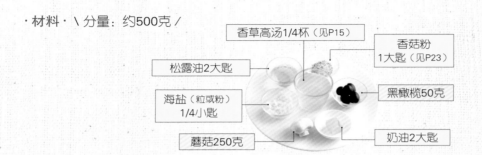

- 香草高汤1/4杯（见P15）
- 松露油2大匙
- 香菇粉 1大匙（见P23）
- 海盐（粒或粉）1/4小匙
- 黑橄榄50克
- 蘑菇250克
- 奶油2大匙

· 做法 ·

1. 黑橄榄、蘑菇分别切碎，备用。

2. 起锅，锅中加入1大匙橄榄油（分量外），放入蘑菇以中小火炒香，再加入黑橄榄、奶油、香菇粉、海盐拌炒调味。

3. 加入香草高汤，以小火煮5分钟，再加入松露油，熄火拌匀即可。

· 要点 ·

＊松露油可到进口超市购买，如果有新鲜松露也可以切碎适量添加。

## +韩式辣酱

〔保存〕冷冻3个月 | 冷藏7天 | 常温X

· 材料 · ＼ 分量：约250g ／

A 白芝麻
（烤过）20克

A 苹果100克

B 苹果醋
2大匙

B 韩式辣椒酱
（市售）5大匙

B 味霖2大匙

· 做法 ·

1 苹果去皮去核后，磨成泥状。

2 苹果泥放入锅中，以小火熬煮5分钟。

3 加入材料B搅拌均匀，继续煮开，再加入白芝麻拌匀即可。

## +红曲素蚝油酱

〔保存〕冷冻3个月 | 冷藏7天 | 常温X

· 材料 · ＼ 分量：约400克 ／

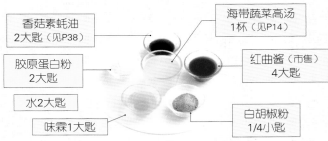

香菇素蚝油
2大匙（见P38）

海带蔬菜高汤
1杯（见P14）

红曲酱（市售）
4大匙

胶原蛋白粉
2大匙

水2大匙

味霖1大匙

白胡椒粉
1/4小匙

· 做法 ·

1 取汤锅，加入海带蔬菜高汤、红曲酱、香菇素蚝油、味霖、白胡椒粉。

2 小火煮开后，将胶原蛋白粉加水调匀，倒入勾芡即可。

· 要点 ·

＊胶原蛋白粉为植物胶质，也可以改用粳米粉、玉米粉勾芡。

# 蒸、煮的料理技巧

蒸和水煮都是利用水的加热传导将食材弄熟，多为了呈现食材的原汁原味，因此搭配此类料理的蘸酱最好是做法简单、味道单纯不复杂的。

## ▎蒸的技巧

水蒸气能将食材蒸熟，保留食材的原汁原味，获得清爽不油腻的口感。因为烹调温度保持在100℃左右，除了水蒸气并不会产生油烟，食材能均匀受热而保持养分，吸收效率也会提高。

### ☆时间计算方式

蒸的时候，料理需等水滚后有水蒸气冒出才放入蒸笼锅中蒸，计时也从这个时候开始；电锅*则以外锅水量作标准。

### ☆水量

蒸架（蒸盘）放入后，加水量以蒸架（蒸盘）下0.5～1厘米为标准，水不要碰到菜肴盘底，必须留出空间让水蒸气可以循环，水量也不能过少，以免水蒸气量不足。蒸约10分钟后可检查水是否变少不足，若变少再加入热水，切勿使用冷水以免温度降低。

使用电锅时，外锅水量一次最多为2杯水，若需要长时间蒸煮，请分次添加水。

### ☆蒸的方法

〔叶菜类〕

叶菜类要将叶片平铺，以大火快速蒸熟，避免叶绿素流失。

〔根茎类〕

根茎类或较为厚实饱满的食材（如杏鲍菇、芦笋、花菜）则以中火转中小火慢慢蒸熟。一来可让热气慢慢渗透食材，二来因为这类食材需要蒸很久，如果用大火蒸，食材还未熟，水一下子就烧干了。

### ☆蒸制锅具对照表

| 锅具 | 蒸笼（锅） | 电锅 |
|---|---|---|
| 做法 | 大火滚沸后 | 外锅1~2量米杯水 |
| 时间 | 8分钟 | 15分钟 |

*电锅：台湾地区几乎家家必备的一种锅具，最著名的品牌是大同。大同电锅的构造是既有内锅，又有外锅，用途广泛，可以应用于多种烹饪方式。

## ▌无水烫煮技巧

新鲜蔬菜本身是含有水分的，除了一般的滚水烫煮之外，建议利用这一点来做无水烹调，通过盖焖去将食材烫熟。蔬菜在运送或是销售过程中，水分会蒸发，因此必须借助清洗、浸泡，让蔬菜保水后再做无水烫煮，营养又健康。

### ☆锅具选择

锅具可选择锅身与锅盖的密合度好一点的不锈钢制品，导热性好，材质也不易变质或生锈，也不用去养锅或上油保养。

### ☆烫煮的方法

〔叶菜类〕

蔬菜清洗干净后略泡水，让叶片恢复得像在农田里一样新鲜硬朗。蔬菜吃饱水后入锅，利用释出的水分形成水蒸气回流，在锅内循环将菜煮熟。全程采用中小火，叶菜类冒烟即熟，带梗时蔬如芦笋、秋葵、花菜等，则是冒烟后焖20~30秒钟（时间短口感会比较脆）再掀锅即可。

〔根茎类〕

根茎类本身含的水分更多，但因为煮的时间稍微长一些，所以可在锅中倒入1杯水来引出根茎类中的水，去循环锅中的水汽，让食材蒸熟。比如玉米，只要利用刚洗过的玉米含水这一特点并立即入锅，就可以达到水煮效果。

# 味噌酱

〔保存〕冷冻X | 冷藏7天 | 常温X

· 材料 · ＼分量：约200克／

| | |
|---|---|
| 味噌 | 4大匙 |
| 海带蔬菜高汤（见P14） | 4大匙 |
| 姜麻油（见P33） | 1大匙 |
| 味霖 | 4大匙 |
| 熟白芝麻 | 1大匙 |

· 做法 ·

将味噌和海带蔬菜高汤拌匀，再加入姜麻油、味霖、熟白芝麻拌匀即可。

· 示范菜：味噌蒸紫茄 ·

茄子300克洗净、切段，放入蒸笼以大火蒸5分钟后取出，搭配味噌酱食用。

★茄子切段后可在表面切十字交叉刀痕，这样热蒸气可以让茄子在短时间内被迅速蒸熟，茄子就不会氧化。蒸的火候必须是中火以上火力，同时水必须保持大滚状态。

# 姜茸酱

〔保存〕冷冻3个月 | 冷藏7天 | 常温X

· 材料 · ＼分量：约80克／

| | |
|---|---|
| 姜麻油（见P33） | 4大匙 |
| 荫油膏 | 1大匙 |
| 味霖 | 1/2小匙 |

· 做法 ·

将全部材料混合拌匀即可。

· 示范菜：蒸栗子南瓜 ·

栗子南瓜300克切块，以中小火蒸煮8分钟至熟，取出搭配姜茸酱食用。栗子南瓜果肉较为厚实，瓜瓤富含多种维生素，建议可以连瓜瓤一起切块状。

# 椒麻腐乳酱

〔保存〕冷冻X | 冷藏7天 | 常温X

· 做法 ·

取豆腐乳和味霖混合捣成泥状，再加入椒麻辣油拌匀即可。

· 示范菜：无水烫卷心菜苗 ·

卷心菜苗对切，以流动的水清洗两次后，再在水中浸泡5分钟，吸水后捞起，放入锅中，盖上锅盖，煮至冒烟即可掀锅拌匀，取出搭配椒麻腐乳酱食用。

· 材料 · ＼分量：约120克／

| | |
|---|---|
| 豆腐乳 | 4大匙 |
| 味霖 | 2大匙 |
| 椒麻辣油（见P35） | 2大匙 |

---

# 万用素蚝油酱

〔保存〕冷冻X | 冷藏7天 | 常温X

· 做法 ·

将全部材料混合拌匀即可。

· 示范菜：素蚝油西蓝花 ·

将西蓝花梗外皮较为粗糙处用小刀削去，分小朵，泡水数分钟后捞起放入锅中，盖上锅盖以中小火加热至冒烟，以锅盖为圆，冒的烟到锅盖的1/4圈即可熄火，掀开锅盖盛盘，搭配万用素蚝油酱食用。

★锅烧热后，锅内的水蒸气会窜出锅盖，这时的火力可以依照冒烟的程度来掌控，烟超出锅盖边缘1/4圈代表火力太大，烟不到锅盖1/4圈代表火力太小，依此类推。火力过大其实只是浪费燃气而已，而且对锅具也会造成空烧现象。

· 材料 · ＼分量：约120克／

| | |
|---|---|
| 香菇素蚝油（见P38） | 4大匙 |
| 味霖 | 2大匙 |
| 香油 | 1大匙 |
| 万用香料粉（见P27） | 1大匙 |

# 炸、烤、煎的料理技巧

## ▌炸的技巧

油炸讲究油温和火候，要炸出外酥里嫩的成果，务必掌握以下诀窍。

*   **油温掌控**：油温高低需控制得宜，油温过高容易炸焦；油温太低则会使油炸品口感较软、颜色淡、不酥脆且含油量多，吃起来油腻不顺口。因此，油要加热到一定的温度才可放入食材，蔬菜类建议油炸温度为170℃。

*   **炸油选择**：炸是借助油脂将附带于食材上的面衣炸至酥脆状，所以建议选择耐高温的油脂，如芥花油、葡萄籽油等。

*   **适合的锅具**：要避免油反复使用而导致油氧化，可选用单柄油炸锅，锅身小，相对放的油量也较少。炸过两次的油建议转为炒菜或调理用，若是油比较混浊建议直接舍弃。

*   **裹粉要放到反潮**：面衣具有保留食材水分、鲜味和香味的效果。食材裹粉时必须等到反潮再入锅油炸。所谓的反潮是指粉和食材完全融合，表面看起来湿湿的、黏黏的。这样食材和粉会粘连得更牢靠，油炸过程中就不会和裹粉分离，食材因有面衣这个保护层，水分不致流失而显得太干涩。

*   **抖掉多余的粉**：食材如果包裹干粉、湿粉和面包粉，建议入锅前抖掉多余的粉末，这样可以保持油锅的清澈。炸完一轮或是途中有面衣渣，也要随时利用细网捞除。

*   **炸熟判断方式**：蔬菜熟得很快，食材浮起，就表示已经熟了，后面可再以高温炸出多余的面衣油脂。

☆炸油温度判断法

| 160℃ | 170℃ | 180℃ | 200℃ |
| --- | --- | --- | --- |
| 滴落面衣，面衣会缓缓沉入锅底，2~3秒后才慢慢浮起。 | 滴落面衣，面衣会缓缓沉入锅底，1秒左右就浮起。 | 滴落面衣，面衣会沉入油中并立刻浮起。 | 滴落面衣，面衣不会下沉，在油面就散开。 |

## ▍烤的技巧

烤箱跟烤盘烘烤的不同是，直火烤盘烤熟的时蔬会吸收蔬菜的汤汁，当看到食材释放出水分时，食材几乎也快熟透了。烤箱烤的食材，汤汁会集中于烤盘上，所以烤箱温度要设定为中高温至高温烘烤，才不会因为水分释出而导致食材是焖熟而不是烤熟。

☆烤箱烘烤

＊**烤箱预热**：烤
箱必须先预
热，才能让食
材放入烤箱时
就能在固定的
温度中烘烤。

否则会因等待时间过久、烤箱要达到所需温度前的低温时间过长，影响品质（实际操作请参考家中烤箱说明书）。

＊**根茎类要包铝箔纸**：根茎类设定为上下火中高温170℃。玉米或是细条状根茎类，可用铝箔纸包覆烘烤，熟透后再撕去铝箔纸，再次烤至表面上色即可，这样可让根茎类先焖熟，才不会表面烤焦、里头却还未熟。

＊**菇类高温烘烤**：菇类设定为上下火高温200℃，以快速烘烤免得菇类产生脱水现象。

☆烤盘烘烤

＊**预热温度足的判断**：烤盘务必先预热，先小火直接预热至烤盘蹿水珠状（可将水滴到烤盘上测试温度），这样食材不会粘到烤盘上，也不会流失过多的汤汁。

## ▍煎的技巧

如果选用不锈钢平底锅，锅要先用中小火预热到蹿水珠状（可将水滴到锅中测试温度），擦干水珠后再润油至锅中产生油纹，这时锅已产生物理性不粘效果，就可以进行煎制。

＊**煎定型再翻面**：难煎的食材如荷包蛋、豆腐、豆包，切记要等待煎的食材表面金黄后再翻面。

＊**不粘锅具的选择**：若选用不粘平底锅，因不粘锅表面已有涂层，原则上以中小火预热即可开始煎。但记得不粘锅除要选用健康涂层，选择手工铸模以外，还要不是高压压制的不粘锅，涂层也要有抗酸碱、防面糊阻塞等功能，这样烹调出来的食物才会健康。

# 柠香塔塔酱

〔保存〕冷冻X | 冷藏7天 | 常温X

·材料· \ 分量：约360克 /

| | |
|---|---|
| 水煮蛋 | 1个 |
| 酸黄瓜 | 1根 |
| 柠檬皮 | 10克 |
| 美乃滋 | 1杯 |
| 柠檬汁 | 1大匙 |

·做法·

水煮蛋、酸黄瓜、柠檬皮分别切碎，加入美乃滋、柠檬汁拌匀即可。

·示范菜：蔬菜炸·

因为时蔬有很多水分，炸蔬菜时无论是一种蔬菜或是多种蔬菜，做法都一样。准备：甘薯丝80克、芋头丝80克、胡萝卜丝20克、九层塔5克、芹菜叶5克，加盐1/4小匙、白胡椒粉1/4小匙拌匀，让蔬菜中的水分释放出来，再加入酥炸粉，以1/2杯水及1个鸡蛋拌匀后，放入170℃的油炸锅，以中火炸至金黄后捞起，沥干油，搭配柠香塔塔酱食用。

★此做法是借用蔬菜本身的水分去吸附面糊，炸出来的蔬菜炸较为酥脆。而用调好的面糊去包裹食材的做法，比较适用于根茎类切粗条状的情形，如马铃薯条、甘薯条或是香菇、花菜等。

# 酸甜酱

〔保存〕冷冻X | 冷藏7天 | 常温X

·做法·

材料A拌匀，放入小锅中，以小火加热至沸腾，再加入材料B继续以小火煮开即可。

·示范菜：时蔬炸物·

酥炸粉加水拌匀成浓稠面糊，取花菜裹上面糊，以170℃油温，用中火炸至面衣金黄，捞起沥干油，搭配酸甜酱食用。

·材料· \ 分量：约400克 /

| | | |
|---|---|---|
| A | 粳米粉 | 3大匙 |
| | 海带蔬菜高汤（见P14） | 1杯 |
| B | 蔬菜醋汁（见P40） | 2大匙 |
| | 香菇素蚝油（见P38） | 2大匙 |
| | 番茄酱 | 2大匙 |
| | 冰糖（粒或粉） | 2大匙 |

# 阿根廷酱

〔保存〕冷冻3个月 | 冷藏7天 | 常温X

· 材料 · ＼分量：约220克／

| A | 九层塔 | 50克 |
|---|---|---|
| | 番茄干 | 30克 |
| | 松子 | 40克 |
| | 起司粉 | 2大匙 |
| B | 迷迭香橄榄油（见P32） | 4大匙 |
| | 水果醋（见P40） | 2大匙 |
| | 冰糖（粉或粒） | 1大匙 |
| | 奥勒冈香料 | 1/4小匙 |
| | 海盐（粉或粒） | 1/4小匙 |
| | 黑胡椒盐（见P21） | 1/4小匙 |

· 做法 ·

将所有材料A、B放入调理盒中，快速打成泥状即可。

· 示范菜：香烤松本茸 ·

烤盘以小火直接预热至蹿水珠状，放上松本茸，烤至熟透即可起锅，搭配阿根廷酱食用。

---

# 孜然辣酱

〔保存〕冷冻X | 冷藏7天 | 常温X

· 材料 · ＼分量：约100克／

| 辣椒酱（见P37） | 3大匙 |
|---|---|
| 水果醋（见P40） | 2大匙 |
| 香菇素蚝油（见P38） | 1大匙 |
| 孜然粉 | 1大匙 |

· 做法 ·

将全部材料混合拌匀即可。

· 示范菜：香煎豆腐 ·

将板豆腐切成厚片，用厨房纸巾吸干多余的水。取不粘平底锅以中小火预热，放入1大匙葡萄籽油（分量外），再用油刷将油刷满锅面，放入豆腐，以中小火煎至金黄后再翻面，至两面金黄即可起锅，搭配孜然辣酱食用。

★豆腐质地较为软嫩，所以煎豆腐时不要翻来翻去，以免把豆腐弄烂，煎铲也建议使用比较平薄的。

# CHAPTER 2

# 美味加分的 素料理

自制好用素料 **10**道

清爽开胃的小菜**23**道

好吃下饭的素料理**27**道

美味饱足的米面食**15**道

暖心暖胃的汤品**10**道

# 🍴 豆包浆素鱼排

关于食材

豆包浆

豆包浆是制作热豆浆时浮于水面上凝固的蛋白质的产物，水分比生豆包多，所以只能够冷藏保存约6天。可在素食材料店的新鲜食品区买到。

·材料· ＼分量：约360克（长20厘米、宽6厘米、厚3厘米）／

A 豆包浆 ———— 200克
　半圆腐皮 ———— 3张
　海苔 ———— 1张
B 面粉 ———— 50克
　水 ———— 80毫升

·调味料·

味霖 ———— 1小匙
海带粉 ① ———— 1/4小匙
白胡椒粉 ① ———— 1/4小匙
盐 ———— 1/4小匙

〔见P25〕

〔见P23〕

**美味小贴士**

如果买不到豆包浆，可将板豆腐打成泥状取代。但是板豆腐的水分较多，所以要先压除多余水分后再制作。

· 做法 ·

1 豆包浆和调味料拌均匀。材料B拌匀成面糊，备用。

1-1

1-2

2 取半圆腐皮摊平，刷上做法1的面糊后，再贴上海苔。

2-1

2-2

3 将做法1的豆包浆铺放在半边海苔上，提起腐皮往前卷至1/2处，左右折起包入，尾端刷上面糊粘起来。

3-1

3-2

3-3

3-4

3-5

3-6

4 蒸锅水煮开后，将做法3包好的豆包浆素鱼排放入，以中火蒸15分钟后取出。

4

5 放入不粘锅中，倒少许油，以中小火煎至两面金黄即可。

5

# 豆腐狮子头

美味小贴士

* 板豆腐水分压除越多，口感会越扎实；越扎实，成形的效果
  相对也越好。

* 油炸时温度勿过高免得豆腐狮子头爆裂，可以炸约2分钟后捞
  起，略为降温后再次放入油锅以大火炸，炸至表面酥脆即可。

* 由于是用豆腐做的，所以不适合冷冻保存，因为冷冻会产生
  脱水现象。

* 也可以改用马铃薯泥、豆包浆等取代板豆腐制作狮子头。

**·材料·** ＼分量：约660克／

| | |
|---|---|
| 板豆腐 | 2块 |
| 胡萝卜 | 50克 |
| 荸荠 | 30克 |
| 鲜香菇 | 20克 |
| 芹菜 | 20克 |
| 黑木耳（新鲜） | 20克 |
| 甘薯粉 | 80克 |

**·调味料·**

| | |
|---|---|
| 荫油 | 1大匙 |
| 香油 | 1大匙 |
| 香菇粉 ① | 1大匙 |
| 盐 | 1/4小匙 |

①
〔见P23〕

**·做法·**

1　板豆腐压去多余水分，用厨房纸巾吸干，打碎，备用。

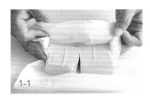
1-1

1-2

2　将胡萝卜、荸荠、香菇、芹菜、黑木耳分别切碎，备用。

3　将做法1、2的食材放入调理盆，加入调味料、甘薯粉2大匙，混合拌匀。

3-1

3-2

4　取适量捏成圆球状，裹上甘薯粉，在手心里来回滚圆，放置待略为反潮。

4-1

4-2

4-3

4-4

5　油锅烧热至170℃，放入做法4的豆腐狮子头，以中小火炸至金黄，捞起沥干油即可。

5

# ♨️ 香菇梗素羊肉

·材料· \ 分量：约600克 /

新鲜香菇梗 ································· 300克
甘薯粉 ···································· 80克
鸡蛋 ····································· 1个

·调味料·

海带蔬菜高汤（见P14）· 1/2杯
姜麻油（Ⅰ）····················· 1大匙
奶粉 ····························· 1大匙
海带粉（Ⅱ）····················· 1大匙
白胡椒盐（Ⅲ）··············· 1/4小匙

（Ⅰ）
〔见P33〕

（Ⅱ）
〔见P25〕

（Ⅲ）
〔见P21〕

·做法·

1 香菇梗拍扁。鸡蛋打散成蛋液，备用。

2 香菇梗加入蛋液、调味料混合拌匀。

2-1

2-2

3 腌渍20分钟后，再加入甘薯粉拌匀。

3

4 油锅烧热至170℃，放入做法3的香菇梗，以中小火炸至金黄，捞起沥干油即可。

4

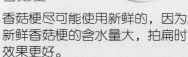

关于食材

**香菇梗**

香菇梗尽可能使用新鲜的，因为新鲜香菇梗的含水量大，拍扁时效果更好。

选用干香菇梗时，要将香菇梗泡冷水至香菇梗软化后再来制作。

**美味小贴士**

腌料中加有奶粉，可增加香气。时间充裕的话，建议腌一天再油炸，会更入味。炸好后要等冷却之后再分装并冷冻保存。

# 紫米糕

〔保存〕冷冻3个月 | 冷藏7天 | 常温X

·材料· \ 分量: 约550克 /

圆糯米 ⋯⋯⋯⋯⋯⋯⋯⋯⋯ 1杯
海苔 ⋯⋯⋯⋯⋯⋯⋯⋯⋯⋯ 2张
甘薯粉 ⋯⋯⋯⋯⋯⋯⋯⋯⋯ 1大匙

·调味料·

海带蔬菜高汤（见P14）⋯⋯ 1杯
海苔酱 ⋯⋯⋯⋯⋯⋯⋯⋯⋯ 1大匙
香菇粉① ⋯⋯⋯⋯⋯⋯⋯ 1/4小匙
盐 ⋯⋯⋯⋯⋯⋯⋯⋯⋯⋯ 1/4小匙

①
〔见P23〕

美味小贴士

要增加颜色可以加紫糯米，
紫糯米要事先浸泡2小时，
沥干后再和圆糯米混合。也
可以将紫糯米洗干净后，直
接以调味料中的海带蔬菜高
汤浸泡。

·做法·

1　圆糯米洗净后沥干，
　　放入调理盆。

2　将海苔剪小片加入，
　　再加入甘薯粉、香菇
　　粉、盐、海苔酱。

3　加入海带蔬菜高汤，
　　混合拌匀。

4　装入长方形模具中，
　　放入蒸锅以中火蒸25
　　分钟，待放凉后切块
　　即可。

4-1

4-3

# 🍴 笋子菜卷

## ·材料·

╲ 分量：约700克（10卷）╱

A 湿豆皮 ············· 300克
  沙拉绿竹笋 ········· 200克
  香菇素蹄筋 ········· 50克
B 面粉 ············· 80克
  水 ············· 60毫升

## ·调味料·

A 荫油 ············· 2大匙
  味霖 ············· 1大匙
  沙茶粉 ① ········· 1大匙
  白胡椒粉 ② ······· 1/4小匙
B 海带蔬菜高汤（见P14）··· 2杯

〔见P29〕

〔见P23〕

> **关于食材**
>
> **香菇素蹄筋**
>
> 香菇素蹄筋是用香菇、糖、素香辛料等制作而成的素食蹄筋，除能够增加风味外，还可以丰富口感。

· 做法 ·

1　绿竹笋切丁。香菇素蹄筋切碎。材料B拌匀成面糊，备用。

1-1

1-2

2　起锅，加1大匙油，放入绿竹笋、香菇素蹄筋，以中小火炒香。

2

3　继续加入调味料A炒匀。

3-1

3-2

4　再加入海带蔬菜高汤，以中小火熬煮15分钟。

4-1

4-2

5　取湿豆皮对半切开，平铺在桌上。

5

美味小贴士

＊包好的菜卷要以面糊粘住封口，封口范围可以广一点。

＊以约180℃油温炸定型，油炸时一次放入的菜卷分量不应太多，以免油温降低而造成菜卷的封口裂开。

6　舀取适量做好的馅料放在豆皮上，包卷至1/2处，左右折起包入，刷上面糊封口。

6-1

6-2

6-3

6-4

7　油锅烧热至180℃，放入做法6的菜卷，以中小火炸至金黄，捞起沥干油即可。

7

# ⟟⟟ 草菇酥

## ·材料· ＼分量：约450克／

| | |
|---|---|
| 草菇 | 300克 |
| 甘薯粉 | 120克 |
| 白芝麻 | 20克 |
| 紫菜酥 | 1/4小匙 |

## ·调味料·

| | |
|---|---|
| 荫油 | 1大匙 |
| 黑胡椒盐 ① | 1/4小匙 |
| 蔬菜调味精 ① | 1/4小匙 |
| 芥末酱 | 1/4小匙 |

① 〔见P21〕　② 〔见P25〕

## ·做法·

1　将草菇放入滚水中汆烫，捞起沥干放入调理盆中。

2　加入紫菜酥、白芝麻和调味料拌匀。

3　再加入甘薯粉拌匀。

3-1

3-2

4　油锅烧热至170℃，放入做法3的食材，以中小火炸至金黄，捞起沥干油即可。

4

美味小贴士

＊草菇买回来还不准备制作时，要先汆烫再冷藏保存，免得草菇变质。

＊草菇汆烫后可使所含水分略微降低，制作出的草菇酥口感更好。汆烫过后务必沥干再加入调味料腌制。

# 刺葱香菇酥

〔保存〕冷冻3个月 | 冷藏7天 | 常温X

## ·材料·\分量：约460克/

| | |
|---|---|
| 香菇梗 | 150克 |
| 刺葱 | 10克 |
| 豆包浆 | 150克 |
| 低筋面粉 | 4大匙 |
| 甘薯粉 | 3大匙 |
| 鸡蛋 | 1个 |

## ·调味料·

| | |
|---|---|
| 荫油 | 1大匙 |
| 味霖 | 1大匙 |
| 蔬菜调味精 ① | 1/4小匙 |
| 香菇粉 ② | 1/4小匙 |
| 白胡椒盐 ③ | 1/4小匙 |
| 盐 | 1/4小匙 |

〔见P25〕

〔见P23〕

〔见P21〕

美味小贴士

刺葱味道比香椿辛呛，没买到刺葱也可改用香椿，或是不加也行。

## ·做法·

**1** 摘下刺葱叶片，撕除叶片中间的筋刺。将香菇梗、刺葱分别切碎，备用。

1-1

1-2

**2** 将做法1的材料、豆包浆和调味料混合拌匀，再加入低筋面粉、甘薯粉，打入鸡蛋拌匀。

2-1

2-2

**3** 油锅烧热至170℃，将做法2的食材一小块一小块地放入，以中小火炸至金黄后取出沥干油。

3

美味小贴士

* 牛蒡铁含量高，
  切丝后易氧化，
  可以泡水来抑制
  氧化。

* 牛蒡加入面粉、
  山药泥及蛋液混
  拌后，浓稠度越
  大，黏着力会越
  强，油炸时也就
  不容易散掉。可
  以视情况用粳米
  粉调整浓稠度。

# 🍴 牛蒡天妇罗

〔保存〕冷冻3个月 | 冷藏7天 | 常温X

·材料· ＼分量：约450克／

| | |
|---|---|
| 牛蒡 | 200克 |
| 山药 | 50克 |
| 面粉 | 5大匙 |
| 粳米粉 | 2大匙 |
| 鸡蛋 | 1个 |

·调味料·

| | |
|---|---|
| 味霖 | 1大匙 |
| 蔬菜调味精 ① | 1/4小匙 |
| 白胡椒盐 ② | 1/4小匙 |
| 盐 | 1/4小匙 |

〔见P25〕

〔见P21〕

·做法·

1 牛蒡去皮后刨成丝
  状，备用。

1-1

1-2

2 山药去皮后磨成泥，
  备用。

2

3 牛蒡丝加入调味料拌
  匀，再加入山药泥、
  面粉、粳米粉及打散
  的蛋液混拌均匀。

3

4 油锅烧热至170℃，
  将做法3的食材一小
  块一小块地放入，以
  中小火炸至金黄后取
  出沥干油。

4

# 🍴 紫苏豆皮香松

〔保存〕冷冻X | 冷藏3个月 | 常温7天

## ·材料· \ 分量：约120克 /

| | |
|---|---|
| 腐竹片 | 50克 |
| 熟白芝麻 | 2大匙 |
| 紫菜酥 | 2大匙 |

## ·调味料·

| | |
|---|---|
| 白胡椒粉 ① | 1/4小匙 |
| 紫苏盐粉 ② | 1/4小匙 |

〔见P23〕 〔见P19〕

美味小贴士

＊紫菜酥也可以改用海苔，海苔选择片状或是粉末状的均可。

＊拌好的紫苏豆皮香松要装入密封罐保存。

## ·做法·

**1** 油锅烧热至170℃，放入腐竹片以中小火炸酥，取出沥干油，备用。

**2** 将炸好的腐竹用拌匙略为捣碎。

**3** 再加入白芝麻、紫菜酥、白胡椒粉及紫苏盐粉拌匀即可。

**关于食材**

**腐竹**

煮豆浆时表面凝结出来的薄膜，用筷子挑起后晾1~2天便会变成透薄的腐皮，若挑起后晾晒到全干，便是腐竹。挑选时以色泽淡黄、表面油滑有光泽、形状完好、干燥、捏握时容易破碎者为佳。

# ❙❙ 香菇肉松

〔保存〕冷冻X | 冷藏1个月 | 常温7天

·材料· ＼分量：约200克／

香菇梗 ································ 200克

·调味料·

白胡椒盐 ① ···················· 1大匙

①  〔见P21〕

·做法·

1 将香菇梗撕成丝状，备用。

2 油锅烧热至160℃，放入香菇梗丝，以中小火炸至酥脆金黄，取出沥干油，加入白胡椒盐拌匀即可。

**美味小贴士**

香菇梗选择新鲜或干燥的都可以，干燥的香菇梗先泡水软化后再撕，这样会比较好撕。撕得越细，油炸过后口感越酥脆。

# Part 1

## 清爽开胃的小菜

红曲素生鱼片、刺葱凉拌槟榔花、
果香无花果、爆米花苦瓜脆片……
打破你对素小菜的想象，享受无负担的美味！

# 野菇烟熏豆包丝〔全素〕

·材料· \ 分量：4人份 /

烟熏豆包丝 150克
杏鲍菇 100克
芹菜 50克
胡萝卜 30克
香菜 20克

·调味料·

刺葱胡椒盐粉 ⓘ 1大匙
盐 1/4小匙
香油 1大匙

ⓘ 〔见P27〕

·做法·

1 杏鲍菇撕成丝状。芹菜切长段。胡萝卜切丝。香菜切段，备用。

2 将杏鲍菇放入锅底（干锅不放油），再摆上豆包丝、芹菜、胡萝卜。

3 均匀撒上刺葱胡椒盐粉、盐，淋上香油。

4 盖上锅盖，开中小火，待冒烟后掀开锅盖，加入香菜拌匀即可。

美味小贴士

* 烟熏豆包丝本身已经调过味，所以再添加调味料时要斟酌味道的轻重。购买回来的烟熏豆包丝可冷冻保存，要使用时再解冻。
* 锅底先放杏鲍菇，上面再放烟熏豆包丝等，加热后杏鲍菇丝出水，锅内水汽循环将其余食材蒸熟，以达到食材原汁原味的效果。

# 🍴 红曲素生鱼片 〔全素〕

## ·材料· ＼分量：4人份 ／

| | | |
|---|---|---|
| 原味魔芋果冻粉 | ———— | 3大匙 |
| 海带蔬菜高汤（见P14） | —— | 4杯 |
| 红曲素蚝油酱 ① | ———— | 250克 |

〔见P59〕

## ·做法·

1. 取1/2杯海带蔬菜高汤和原味魔芋果冻粉拌匀，备用。

2. 起锅，放入剩下的海带蔬菜高汤和红曲素蚝油酱，拌匀，以中小火煮沸。

3. 加入做法1的材料持续搅拌均匀，再次煮沸后熄火。

4. 倒入深方盘中，放置于室温下待冷却凝固后，切片装盘即可食用。

### 关于食材 原味魔芋果冻粉

原味魔芋果冻粉为魔芋粉和鹿角菜胶、砂糖等制成的混合物，成品口感没有洋菜那么脆硬，但比明胶做的有弹性。用其制作出的成品再加热会回到液体状态，因此只能用于制作冷食。

### 美味小贴士

＊原味魔芋果冻粉先与少量高汤拌匀后再加入做法2的材料中，不容易结块。

＊魔芋果冻粉凝结速度很快，只要降温立刻就会凝固，所以煮好的酱汁可以隔水略拌降温至60℃，再倒入模型中，一来避免沉淀分离，二来可以加速成形。

＊可搭配芥末酱油食用。

# 🍴 芥末素鱼片〔全素〕

·材料· ＼分量：4人份／

| | |
|---|---|
| 胡萝卜 | 100克 |
| 魔芋粉 | 2大匙 |
| 食用碱粉 | 1/4小匙 |
| 冷水 | 600毫升 |

·调味料·

| | |
|---|---|
| 海带酱油① | 2大匙 |
| 芥末 | 适量 |

〔见P34〕

关于食材

魔芋粉

与魔芋果冻粉不同，魔芋粉为纯的魔芋粉，与碱、水一起加热，能做成不可逆（加热后不会回到液体状态）的魔芋制品。

食用碱粉

食用碱粉的主要成分是碳酸钠，其水溶液碱性比小苏打强，可使干货膨胀或是软化纤维。一般做碱粽、粉粿时会使用，可使成品口感更有弹性。

美味小贴士

＊需重复汆烫、泡冰水的步骤3次，以去除碱味。

＊做法2中也可用手持搅拌棒搅打，可使用圆刀头慢速将魔芋液搅拌至浓稠状。

＊制作完成的素鱼片可以入菜，当配菜、主菜均可，煎、煮、炒、烩、烫、烧、卤和煨皆可。

·做法·

1 胡萝卜去皮，磨成泥状。

2 将冷水倒入调理盆中，加入魔芋粉和碱粉，以打蛋器搅拌约10分钟至浓稠状。

3 取1/2杯做法2的糊糊与胡萝卜泥拌匀。

4 倒入长方形模具中，用刮刀抹平，并将模具在桌面上轻敲数下以填实。

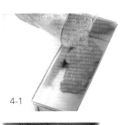

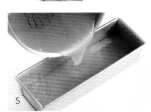

5 倒入做法2剩下的糊糊，静置30分钟。

6 放入蒸笼，以中火蒸20分钟至凝固。

7 从模具里取出，切片，放入滚水汆烫，捞出泡冰水冰镇，重复汆烫、泡冰水的步骤3次，沥干装盘。搭配芥末、海带酱油食用。

## 🍴 果香无花果〔全素〕

·材料· ＼分量：4人份 ／

| | |
|---|---|
| 无花果干 | 150克 |
| 小黄瓜 | 100克 |
| 辣椒 | 20克 |

·调味料·

| | |
|---|---|
| 水果醋 ① | 1杯 |
| 味霖 | 3大匙 |
| 盐 | 1/4小匙 |

〔见P40〕

## 🍴 蜜汁黑豆〔全素〕

·材料· ＼分量：4人份 ／

| | |
|---|---|
| 黑豆 | 300克 |
| 水 | 4杯 |

·调味料·

| | |
|---|---|
| 冰糖 | 1/2杯 |
| 麦芽糖 | 3大匙 |
| 海带酱油 ① | 2大匙 |

〔见 P34〕

· 做法 ·

1 小黄瓜切去头尾后切圆薄片，加盐拌匀腌渍20分钟，使其出水软化。辣椒切圈状，备用。

2 取出小黄瓜片将盐水滤除，以冷开水洗净后沥干，加入味霖、辣椒圈拌匀，放入玻璃容器中腌渍1天。

3 无花果干切半，放入玻璃容器中，加入水果醋，室温阴凉处腌渍1天。

4 将腌好的小黄瓜、无花果一起盛盘即可。

美味小贴士

＊水果醋也可以改用市售的金橘柠檬醋。

＊腌好的小黄瓜、无花果可冷藏保存7天。

关于食材

无花果干

无花果干甜而有黏性，咀嚼起来有颗粒感，煮汤时也很适合放一些增加甜味与香味。

小黄瓜

挑选小黄瓜时，以体形圆直、粗细均匀、颜色翠绿、表面的刺明显的为好，摸起来软软的不能要。

· 做法 ·

1 黑豆洗净后放入高压锅中，加水，盖上锅盖转紧，开大火煮至压力阀上升至两条线后，转小火，计时20分钟。

2 熄火，待压力阀下降泄压后，打开锅盖加入冰糖、麦芽糖、海带酱油。

3 再次盖上高压锅盖转紧，开大火煮至上压后，转小火，计时10分钟。

4 熄火，待压力阀下降泄压后，掀开锅盖盛出黑豆。

美味小贴士

＊黑豆除富含植物性蛋白质外，维生素A、B、C的含量也很高，营养远超黄豆。

＊黑豆运用高压锅烹煮时，可以清洗干净后立刻烹煮，避免花青素及营养成分流失。若是要浸泡，也是迅速清洗完后直接泡水2小时，连同浸泡的水直接烹煮。

＊此食谱分量也可以用电锅煮，外锅分次加5杯水，煮到喜欢的口感即可。

＊煮好后即可食用，但建议冰镇后食用，风味更佳，也更入味好吃。

# 🍴 刺葱凉拌槟榔花〔全素〕

·材料· \ 分量：4人份 /

| | |
|---|---|
| 槟榔花 | 250克 |
| 碧玉笋 | 50克 |
| 辣椒 | 10克 |
| 香菜 | 少许 |

·调味料·

| | |
|---|---|
| 刺葱香菇酱 ① | 3大匙 |
| 姜麻油 ② | 1/2小匙 |
| 刺葱油 ② | 1/2大匙 |
| 盐 | 1/4小匙 |

| ① | ② | ② |
|---|---|---|
|  |  |  |
| 〔见P51〕 | 〔见P33〕 | 〔见P36〕 |

·做法·

1　槟榔花、碧玉笋切长段。辣椒去籽后切细丝，备用。

2　用滚水分别将槟榔花和碧玉笋烫熟，捞起沥干。

3　将做法2的材料与调味料拌匀后盛盘，摆上辣椒丝、香菜即可。

美味小贴士

烫槟榔花的时间不要太久，以免槟榔花失去脆度。

关于食材

**槟榔花**

槟榔花是槟榔结果前开的花，俗称半天花，口感脆甜清香，只有夏天才吃得到。属性偏凉，因此与热性的姜麻油一起食用可中和凉性。

**碧玉笋**

碧玉笋口感爽脆微甜，又称金针笋、美人心，是金针菜（黄花菜）的地上茎。将植株齐地切除后留下20厘米，把外部较粗的叶子摘除，取中心较嫩的部分就是碧玉笋。

# 🍴 爆米花苦瓜脆片 〔全素〕

·材料· \ 分量：4人份 /

| | |
|---|---|
| 苦瓜 | 300克 |
| 爆米花 | 80克 |

①

·调味料·

柠香芥末盐粉 ① ——— 1大匙

〔见P31〕

·做法·

1 苦瓜切半、挖除瓜瓤，再切成薄片。

2 苦瓜片泡水30分钟，中间需多次换水，变脆后捞起沥干。

3 将爆米花放入干锅中，以中小火加热后备用。

4 起油锅，加热至170℃，放入苦瓜片以中火炸至金黄酥脆后，捞起沥干油。

5 再将爆米花、苦瓜片均匀撒上柠香芥末盐粉即可。

美味小贴士

* 苦瓜选择白玉苦瓜，相对不那么苦。

* 苦瓜片要先泡水，将苦瓜中的汁冲淡，油炸时会好炸些；油炸时不要一次性放太多，且要略为翻动使苦瓜尽快脱水。

# ❚❘ 油卤千层干〔全素〕

·材料· ＼分量：6人份 ／

| | |
|---|---|
| 千层豆干（生） | 1000克 |
| 干辣椒 | 30克 |
| 姜 | 20克 |
| 八角 | 6颗 |
| 月桂叶 | 4片 |

·调味料·

| | |
|---|---|
| 海带酱油 ① | 1杯 |
| 葡萄籽油 | 1杯 |
| 味霖 | 1/2杯 |
| 中式香料粉 ① | 1大匙 |

〔见 P34〕

〔见P29〕

# ❚❘ 咖啡花生〔全素〕

·材料· ＼分量：4人份 ／

| | |
|---|---|
| 生花生 | 300克 |

·调味料·

| | |
|---|---|
| 咖啡酱油 ① | 1/2杯 |
| 冰糖 | 2大匙 |
| 白胡椒粉 ① | 1大匙 |

〔见 P34〕

〔见P23〕

·做法·

1 千层豆干完全洗净，沥干。姜切片，备用。

2 准备大汤锅，放入千层豆干、干辣椒、姜片、八角和月桂叶。

3 再加入调味料及水2000毫升（分量外），不加盖，全程以中小火慢慢熬煮，需保持沸腾状态。

4 熬煮至锅中汤汁剩约1杯的量即可。

美味小贴士

卤制好的千层豆干放置一夜会更入味。如果买到的是冷冻的生千层豆干，要先放在冰箱冷藏室解冻后再使用。

关于食材

千层豆干

千层豆干是将生豆干切成丝再压制成层层叠叠的样子，它身上有蜂巢般的孔洞，在烹煮时能更充分吸入酱汁。菜市场、豆腐店或是素料行可买到。

·做法·

1 花生放入高压锅中，加水5杯（分量外），再加入调味料。

2 盖上锅盖转紧，开中小火煮至压力阀上升至两条线后，转小火，计时40分钟。

3 熄火，待压力阀下降泄压后，掀开锅盖盛出花生。

美味小贴士

*选购生花生要选择店家冷藏存放的，选购时一定要挑除发霉的花生。

*花生不容易煮熟，将买回来的花生先放在冰箱冷冻室中冷冻一晚，第二天再烹煮，可缩短约一半的时间。也可先浸泡一天，来缩短烹煮时间。

*选择普通的锅具烹煮时，要适时添加热水，因烹煮时水分会蒸发，不添水会导致花生过咸；如果以电锅烹煮食谱分量，外锅需分次加入约6杯水，最后采用保温方式焖至熟透为止。

蜜汁芝麻牛蒡

韩式芥菜头

# 🍴 蜜汁芝麻牛蒡〔全素〕

## ·材料· ＼分量：4人份／

| | |
|---|---|
| 牛蒡 | 300克 |
| 熟白芝麻 | 1大匙 |

## ·调味料·

| | |
|---|---|
| 二砂糖 | 80克 |
| 水 | 3杯 |
| 万用香料粉 ① | 1大匙 |

①

〔见P27〕

## ·做法·

1. 牛蒡削去外皮，斜切成薄片，泡水。

2. 起锅，放入牛蒡、二砂糖和水，以中小火煮8分钟，待入味后捞起沥干。

3. 油烧热至170℃，以中小火分批将做法2的牛蒡炸至金黄色，捞起沥干油。

4. 撒上万用香料粉及白芝麻即可。

### 美味小贴士

＊牛蒡铁含量高，所以切好的牛蒡必须泡水来抑制氧化。

＊牛蒡切丝或是切片都可以，起锅先以糖水煮入味，直接沥干油炸即可变成酥脆甜味牛蒡。

---

# 🍴 韩式芥菜头〔全素〕

## ·材料· ＼分量：4人份／

| | |
|---|---|
| 芥菜头 | 300克 |

## ·调味料·

| | |
|---|---|
| 韩式辣酱 ① | 3大匙 |
| 味霖 | 1大匙 |
| 盐 | 1/4小匙 |

①

〔见P59〕

## ·做法·

1. 芥菜头切块，用盐杀青。

2. 待芥菜头软化出水后，以冷开水洗净后沥干。

3. 芥菜头加入韩式辣酱、味霖拌匀，室温阴凉处腌渍1天即可。

### 美味小贴士

＊芥菜头又叫大头菜，属球茎甘蓝，凉拌、煮汤、炒和烧都很好吃。切块的芥菜头先以盐杀青，去除多余涩水，腌制1小时，待软化后再以食用水洗净沥干，最后加调味料腌渍入味。

# 🍴 橙汁香蕉苦瓜〔全素〕

·材料·\分量：4人份/

| 绿苦瓜 | 2根 |
|---|---|
| 香蕉 | 2根 |

·调味料·

| 雪碧汽水 | 2杯 |
|---|---|
| 橙汁酱① | 3大匙 |

〔见P55〕

·做法·

1　绿苦瓜切除头部，再挖出里面的瓤。香蕉剥皮。

2　绿苦瓜用滚水烫过，捞起沥干，浸泡在雪碧汽水中10分钟。

3　将香蕉整条填入苦瓜中，切圆片盛盘，淋上橙汁酱即可。

美味小贴士

绿苦瓜泡在雪碧汽水中可冲淡苦味。

# 迷迭香藜麦鲜蔬 〔全素〕

## ·材料· \ 分量：4人份 /

| | |
|---|---|
| 藜麦 | 50克 |
| 小黄瓜 | 50克 |
| 鸿喜菇 | 30克 |
| 玉米笋 | 30克 |
| 食用花 | 10克 |

## ·调味料·

| | |
|---|---|
| 迷迭香橄榄油 ① | 2大匙 |
| 玫瑰花盐粉 ② | 1/2大匙 |

〔见P32〕

〔见P23〕

## ·做法·

1　藜麦加150毫升的水（分量外），放入蒸笼以中火蒸25分钟，备用。

2　小黄瓜切成小丁状。鸿喜菇扯开切小段。玉米笋切圆片，备用。

3　用滚水分别将小黄瓜、鸿喜菇、玉米笋烫熟，捞起沥干。

4　将藜麦和烫熟的蔬菜与调味料混合拌匀，盛盘后放上食用花即可。

关于食材

### 藜麦

藜麦被称为超级全营养食物，原产于南美洲，主要分为白藜麦、红藜麦和黑藜麦三种，营养价值差不多。

洛神番茄藕片

芡实芋头

# ♈ 洛神番茄藕片 〔全素〕

·材料· \ 分量：4人份 /

| | |
|---|---|
| 莲藕 | 200克 |
| 黑番茄 | 50克 |
| 话梅 | 15克 |

·调味料·

| | |
|---|---|
| 洛神花蜜饯（连汁） | 1杯 |
| 冰糖 | 100克 |
| 水 | 2杯 |

·做法·

1. 莲藕去皮，切成0.5厘米厚的圆片。黑番茄切圆片后，再切成扇形片，备用。

2. 起锅，放入莲藕、话梅及调味料，以中小火煮开，再转小火煨煮15分钟。

3. 熄火待凉后，搭配黑番茄盛盘即可。

关于食材

洛神花蜜饯

洛神花蜜饯可在秋冬产季时自己制作。新鲜洛神花去除籽及蒂头洗净，再以食用水洗过后晾干，加入糖腌渍至花朵变软及糖融化即可。500克花朵约可加入250克糖粉或二砂糖腌渍。

# ♈ 芡实芋头 〔全素〕

·材料· \ 分量：4人份 /

| | |
|---|---|
| 芋头 | 300克 |
| 芡实 | 30克 |
| 枸杞 | 10克 |

·调味料·

| | |
|---|---|
| 香菇素蚝油 ① | 1大匙 |
| 味霖 | 1/2小匙 |
| 盐 | 1/4小匙 |
| 白胡椒粉 ② | 1/4小匙 |
| 水 | 4杯 |

〔见P38〕 〔见P23〕

·做法·

1. 芋头去皮后切成块状，备用。

2. 起锅，放入芡实、枸杞及调味料，以中小火熬煮20分钟。

3. 再放入芋头，盖上锅盖，转小火继续煮20分钟，待芋头入味后熄火盛盘。

美味小贴士

芋头加入芡实有特殊香气，烹煮时盖上锅盖可以使芋头更快焖熟，获得松软口感。也可以将芋头换成山药来做。此道菜冷热皆宜。

# 🍴 花生豆腐〔全素〕

·材料· ＼分量：4人份／

| A | 花生仁片 | 70克 |
|---|---|---|
| | 水 | 2杯 |
| B | 粳米粉 | 3大匙 |
| | 玉米粉 | 2大匙 |
| | 水 | 80毫升 |

·调味料·

| 糖 | 1大匙 |
|---|---|
| 盐 | 1/4小匙 |

· 做法 ·

1　将花生仁片放入研磨
　盒中，盖上盖子，放
　上搅拌棒，以快速打
　碎。

1-1

1-2

2　加入材料A中的水50毫
　升，再次以快速打成
　稠糊状。

2-1

2-2

3　将花生糊倒入锅中，
　取材料A剩下的水，将
　残留在容器中的花生
　糊也稀释倒入锅中。

3-1

3-2

4　再加入糖、盐，以小
　火煮至冒泡泡。

5　将材料B混合调匀。

4-1

4-2

4-3

5

6　倒入锅中搅拌勾芡，边煮边搅拌，至面糊
　沸腾冒泡泡即熄火。

7　倒入方形容器中，待凉后放入冰箱冷藏室
　冷藏至凝固即可。

6-1

6-2

6-3

7

美味小贴士

*加热时要持续搅拌，加入面糊时也要不停地搅
　拌，免得结块。

*制作好的花生豆腐冷却后要移置冰箱冷藏，食
　用时可搭配荫油膏。

# 🍴 福菜甘蔗笋〔全素〕

·材料· \ 分量：4人份 /

| 甘蔗笋 | 200克 |
|---|---|
| 福菜 | 50克 |
| 辣椒 | 10克 |
| 香菜 | 10克 |

·调味料·

| 海带蔬菜高汤（见P14） | 3杯 |
|---|---|
| 万用香料粉 ① | 1/4小匙 |
| 盐 | 1/4小匙 |

①  〔见 P27〕

美味小贴士

＊福菜的盐分较重，所以料理时一定要洗净挤干，要不然其残留的盐分会使整道料理过咸。

＊甘蔗笋在素料行可买到，可以买真空包装的，使用起来很方便。

·做法·

1　将福菜抓洗干净，把微小的沙粒洗净，泡入水中20分钟，以清水洗净，切段，再将多余的水挤干，备用。

2　辣椒切斜片。香菜切段，备用。

3　起锅，加入1大匙葡萄籽油（分量外）烧热，放入福菜炒香。

4　再加入甘蔗笋、调味料，以中小火熬煮20分钟。

5　待入味后熄火，盛盘，摆上辣椒、香菜即可。

关于食材

福菜

福菜是用芥菜制成的客家腌菜，颜色越深，年份越久，味道也越咸。好吃的福菜需要储放一年以上，且要储存在干燥阴凉的地方，才会香浓耐煮耐炖。

甘蔗笋

甘蔗笋又称甘蔗心、甘蔗苗，其实不是笋，是红甘蔗顶端的嫩茎心，一根甘蔗只能取出一根甘蔗笋。甘蔗笋味道脆甜多汁，还带有淡淡的甘蔗香味。

# 🍴 刺葱雨来菇 〔全素〕

·材料· ＼分量：4人份 ／

| | |
|---|---|
| 雨来菇 | 300克 |
| 辣椒 | 20克 |
| 香菜 | 10克 |

·调味料·

| | |
|---|---|
| 刺葱香菇酱 ① | 4大匙 |
| 刺葱油 ② | 1大匙 |

〔见P51〕　〔见P36〕

·做法·

1　辣椒去籽，切丝。香菜切段，备用。

2　起锅，放入刺葱香菇酱以中小火炒香，再加入雨来菇拌炒。

3　加入刺葱油调味，略煮至熟透。

4　起锅盛盘，放上香菜、辣椒丝即可。

## 美味小贴士

＊雨来菇口感类似白木耳，无须过度烹调，拌炒时只要略炒即可，也可以用来煮蛋花汤。

＊雨来菇在冷藏过程中会逐渐失水，若是变得干扁，可在烹调前泡水使之恢复。

### 关于食材

**雨来菇**

雨来菇是一种"陆生蓝绿藻"，俗称地皮菜，外形深绿，类似木耳，富含蛋白质、多种维生素及磷、锌、钙等矿物质，近年来在养生风潮中快速蹿红。

# 🍴 和风百灵菇佐椒麻芝麻酱 〔全素〕

## ·材料· ＼分量：4人份／

| | |
|---|---|
| 百灵菇 | 300克 |
| 海带 | 50克 |

## ·调味料·

| | | |
|---|---|---|
| A | 海带蔬菜高汤（见P14） | 3杯 |
| | 海带酱油 | 1/2杯 |
| | 味霖 | 1/2杯 |
| B | 椒麻芝麻酱 | 2大匙 |

〔见 P34〕　〔见 P49〕

## ·做法·

1. 海带用厨房纸巾擦拭表面灰尘，备用。

2. 取汤锅，放入调味料A和海带、百灵菇，以中小火煮开。

3. 转小火，熬卤20分钟后熄火，浸泡至第二天。

4. 取出百灵菇切片、海带切丝，摆盘，搭配椒麻芝麻酱食用即可。

**美味小贴士**

菇类放置于冰箱冷藏保存前请勿清洗，清洗完的菇类很容易腐烂，只需连袋一起冷藏即可，避免重压。

**关于食材**

**百灵菇**

百灵菇亦称白灵菇、白灵芝菇、灵芝菇、雪山灵芝，寄生于药用植物阿魏的根茎上，故又名阿魏菇。它含有17种氨基酸、真菌多糖、维生素及多种矿物质，具有增强人体免疫力的功用。其肉质细嫩，被誉为"草原上的牛肝菌"。

# 无蛋菜脯蛋〔全素〕

·材料· ＼分量：4人份／

| | |
|---|---|
| 豆包浆 | 200克 |
| 菜脯 | 50克 |
| 九层塔 | 10克 |
| 破布子 | 3大匙 |

·调味料·

| | |
|---|---|
| 白胡椒盐 ① | 1/4小匙 |
| 盐 | 少许 |

  〔见P21〕

·做法·

1 菜脯泡水约8分钟，去除些许咸味后捞起沥干。

2 九层塔切碎。破布子去籽，备用。

3 将豆包浆和做法1、2的材料及调味料混合拌匀。

4 以中火烧热不粘平底锅，倒入少许沙拉油，舀入适量做法3的混合物，以平煎铲压平，用中小火慢慢煎至两面金黄即可。

**美味小贴士**

无蛋菜脯蛋是茹素者非常喜爱的一道菜。因豆包浆的凝固性不如动物性蛋白质好，所以煎的时候要等它定型了再翻面。

# 🍴 迷迭香鹰嘴豆酿黄瓜 〔全素〕

## ·材料· ＼分量：4人份／

鹰嘴豆 ⋯⋯⋯⋯⋯ 150克
小黄瓜 ⋯⋯⋯⋯⋯ 80克
红甜椒 ⋯⋯⋯⋯⋯ 20克
黄甜椒 ⋯⋯⋯⋯⋯ 20克
迷迭香 ⋯⋯⋯⋯⋯ 5克

## ·调味料·

迷迭香橄榄油 ① ⋯ 2大匙
咖啡酱油 ① ⋯⋯⋯ 1大匙
味霖 ⋯⋯⋯⋯⋯⋯ 1大匙

〔见 P32〕　〔见 P34〕

## ·做法·

1　鹰嘴豆洗净后放入锅中，加入6杯水（分量外），以中小火熬煮30分钟。

2　捞出鹰嘴豆，加入迷迭香橄榄油，压拌均匀至成泥状备用。

2-1　　　　　　2-2　　　　　　2-3

3　红甜椒、黄甜椒切小丁。小黄瓜切5厘米长的段后剖半，去除籽。

4　将鹰嘴豆泥装入塑料袋中，剪一小口，挤在小黄瓜中，撒上彩椒、迷迭香，淋上咖啡酱油、味霖即可。

4-1

4-2

### 美味小贴士

鹰嘴豆可以煮烂一点，外壳比较好压成泥状。如果想要口感更加绵密，可以把压成泥的鹰嘴豆再以筛网压过。

关于食材

### 鹰嘴豆

鹰嘴豆的香气和鸡汤非常相似，却没有鸡高汤的腥味。一些杂粮店有干燥鹰嘴豆卖，超市会销售罐装的水煮鹰嘴豆，买回来就可以直接打泥。

香橙豆肠

韩式辣芋头

# 🍴 香橙豆肠 〔全素〕

·材料· \ 分量：4人份 /

| 豆肠 | 150克 |
|---|---|
| 草莓 | 50克 |
| 熟白芝麻 | 10克 |

·调味料·

| 橙汁酱 ① | 5大匙 |
|---|---|

①  〔见P55〕

美味小贴士

豆肠炸过后会再变长，所以要切短些。豆肠炸过后一泡到酱汁里便会完全吸附酱汁，所以汤汁不用太多。

·做法·

1 豆肠切1厘米长的段。

2 油锅烧热至170℃，放入豆肠以中火油炸至金黄，捞起沥干油。

3 原锅油倒掉后，放入炸好的豆肠、橙汁酱，以中小火煮入味。

4 起锅，搭配草莓（切小片）盛盘，撒上白芝麻即可。

关于食材

豆肠

豆肠是用豆皮一层层卷起制成的，炸过后比较香，又有嚼劲。市面上亦有卖炸豆肠的，炸的油可能不会很干净，建议还是自己以不粘锅干煎或用炸煮锅加入少量油油炸。

---

# 🍴 韩式辣芋头 〔全素〕

·材料· \ 分量：4人份 /

| 芋头 | 250克 |
|---|---|
| 低筋面粉 | 60克 |
| 熟白芝麻 | 1大匙 |

·调味料·

| 韩式辣酱 ① | 4大匙 |
|---|---|
| 苹果醋 | 2大匙 |
| 白胡椒盐 ⑪ | 1/4小匙 |

①  〔见 P59〕　⑪  〔见 P21〕

·做法·

1 芋头去皮后，切成滚刀块。

2 面粉、白胡椒盐及水80毫升（分量外）拌匀成炸衣面糊，备用。

3 芋头块裹上面糊，放入170℃油锅中以中小火炸至金黄，捞起沥干油。

4 原锅油倒掉后，放入炸好的芋头、韩式辣酱、苹果醋，以小火拌煮收汁。

5 起锅盛盘，撒上白芝麻即可。

美味小贴士

除了芋头，南瓜、马铃薯也可以用同样的方法来制作。

# Part 2

好吃下饭的素料理

刺葱咸酥杏鲍菇、三杯海茸紫米糕、

黑胡椒素猪排、尼克蛋马铃薯……

中西式风味全都有，好吃得让你多吃一碗饭！

# 雪里蕻豆包卷〔全素〕

·材料·\ 分量：4人份 /

| 生豆包 | 200克 |
|---|---|
| 雪里蕻 | 80克 |

·调味料·

| 咖喱酱① | 2大匙 |
|---|---|
| 万用香料粉① | 1大匙 |
| 冰糖 | 少许 |

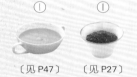

〔见P47〕　〔见P27〕

·做法·

1　雪里蕻洗净后挤干，切成粒状。

2　起锅，加入1大匙葡萄籽油（分量外）烧热，放入雪里蕻以中小火炒香，加入万用香料粉、冰糖调味炒匀，熄火捞出。

3　豆包摊开，舀上适量做法2的雪里蕻，顺势包卷好。

4　以中小火烧热不粘平底锅，倒入1大匙油，放入做法3的豆包卷，煎至表面微焦黄。

5　盛盘，淋上咖喱酱即可。

美味小贴士

雪里蕻也叫雪菜，含有沙粒，要仔细清洗干净后挤干再切。

# 酱卤杏鲍菇佐辣椒酱 〔全素〕

·材料· ＼分量：4人份／

| 杏鲍菇 | 300克 |
|---|---|
| 姜 | 30克 |
| 辣椒 | 20克 |

·调味料·

| A | 荫油 | 1/2杯 |
|---|---|---|
| | 味霖 | 1/2杯 |
| | 辣豆瓣酱 | 1大匙 |
| | 冰糖 | 1大匙 |
| | 中式香料粉① | 1大匙 |
| | 水 | 3杯 |
| B | 辣椒酱② | 3大匙 |

①
〔见P29〕

②
〔见P37〕

·做法·

1　姜切片。辣椒去籽切末，备用。

2　起锅，加入1大匙葡萄籽油（分量外）烧热，放入姜片炒香。

3　再加入辣椒末、荫油、味霖、辣豆瓣酱、冰糖，以中小火拌炒至香气散出。

4　继续加入中式香料粉及水，以中火煮至沸腾，放入杏鲍菇后转小火，熬卤15分钟后熄火，浸泡至第二天。

5　取出杏鲍菇切片摆盘，搭配辣椒酱食用即可。

美味小贴士

除了杏鲍菇，其他食材也可以使用同样的调味料来卤制。煨卤时依照食物的特性来调整，例如白萝卜可以切成约4厘米厚的圆块，以中小火卤20分钟；豆包及冻豆腐约卤5分钟即可。

# 芥末豆包排 〔全素〕

## ·材料· ＼分量：4人份 ／

A 生豆包 —————— 200克
　金针菇 —————— 80克
　胡萝卜 —————— 20克
　鲜香菇 —————— 20克
　黑木耳〔新鲜〕 —— 20克
　香菜 —————— 20克
B 甘薯粉 —————— 100克
　粳米粉 —————— 50克
　水 —————— 120毫升

## ·调味料·

柠香芥末盐粉 ① —— 2大匙
盐 —————— 1/4小匙

①

〔见P31〕

## ·做法·

1　金针菇去尾部，切成两段，再撕成一根一根的。胡萝卜和黑木耳切丝。香菇切片。香菜切段。

2　起锅，加入1大匙葡萄籽油（分量外）烧热，放入胡萝卜炒香，加入金针菇、香菇略炒匀，再加入黑木耳及盐、少许柠香芥末盐粉拌炒均匀，即为馅料，起锅备用。

3　取豆包摊开，撒上适量的柠香芥末盐粉，再放上适量馅料及香菜包卷起来。

4　粳米粉加入水调匀，取做法3的豆包挂上米糊后，再裹上甘薯粉。

5　油锅烧热至170℃，放入做法4的豆包以中火油炸至金黄，捞起沥干油，蘸取柠香芥末盐粉食用。

美味小贴士
用手掌将挂上米糊的豆包缺口压一下帮助封口黏着，再裹上甘薯粉，务必等豆包反潮后再油炸。

# 🍴 面筋花生豆腐球 〔全素〕

·材料· ＼ 分量：4人份 ／

| | |
|---|---|
| 面筋球 | 50克 |
| 板豆腐 | 1块 |
| 胡萝卜 | 30克 |
| 咖啡花生（见P96） | 100克 |

·调味料·

| A | 荫油 | 1大匙 |
|---|---|---|
| | 白胡椒粉 ① | 1/4小匙 |
| B | 荫油 | 3大匙 |
| | 味霖 | 1大匙 |
| | 白胡椒粉 ① | 1/4小匙 |
| | 水 | 1杯 |

①
①

〔见P23〕

·做法·

1　板豆腐压成泥状。胡萝卜磨成泥状。

2　将豆腐泥、胡萝卜泥和调味料A拌匀，装进塑料袋中，前端剪一小口备用。

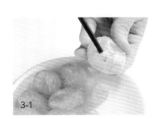

3　将筷子前端蘸水，把面筋球刺洞，再将做法2的豆腐萝卜泥填入面筋球中。

4　油锅烧热至170℃，放入面筋球以中火油炸至金黄，捞起沥干油。

5　原锅油倒掉后，放入炸好的面筋球、咖啡花生和调味料B，以中小火略熬煮入味即可。

> 关于食材
>
> 面筋球
>
> 面筋球是用面粉制成的油炸制品，口感具有弹性。将面粉加水慢慢搓揉成带有筋性的面团，再用清水反复冲洗去除面团中的淀粉及杂质，让蛋白质含量变高，所产生的筋性就会更强。当冲洗到水面接近清澈后，便得到了面筋的基底——生面筋。生面筋切成小块后揉成球形，放入油锅油炸后便是面筋球。

# 🍴梅干苦瓜封〔全素〕

## ·材料· ＼分量：4人份／

| | |
|---|---|
| 苦瓜 | 1根 |
| 梅干菜 | 50克 |
| 辣椒 | 15克 |
| 八角 | 10克 |

## ·调味料·

| | |
|---|---|
| 素臊 Ⅰ | 1杯 |
| 荫油 | 1/2杯 |
| 味霖 | 4大匙 |
| 白胡椒粉 Ⅰ | 1/4小匙 |

〔见P44〕

〔见P23〕

## ·做法·

1  梅干菜泡水30分钟，洗净后拧干，切大块，备用。

2  取高压锅，加入1大匙葡萄籽油（分量外）烧热，放入梅干菜以中小火炒香，再加入调味料、八角、辣椒略拌炒。

3  放入整根苦瓜及水1杯（分量外），盖上锅盖转紧，以中小火煮至压力阀上升至两条线后，转小火，计时10分钟。

4  熄火，待压力阀下降泄压后，掀开锅盖盛盘即可。

### 美味小贴士

＊处理梅干菜要整扎打开，泡冷水30分钟至完全松开后，再一叶叶洗净，把水拧干后再切成需要的大小。

＊梅干菜因为长期曝晒，而且使用大量的盐腌渍，所以需要浸泡比较长的时间，才能将咸味充分减淡，这样料理时才不会因为加了酱油卤制，使味道过咸。

＊可使用电锅烹煮，将材料及调味料全部放入内锅中，外锅分2次加3杯水烹煮熟即可（电锅较小，水要分次加入免得溢锅）。

**关于食材**

梅干菜
梅干菜香气越浓的品质越佳，捆成一扎扎的比散装的品质优。

# ❦ 橄榄菜辣炒豆包〔全素〕

·材料· ＼分量：4人份 ／

| | |
|---|---|
| 生豆包 | 100克 |
| 香菜 | 20克 |
| 橄榄菜 | 2大匙 |

·调味料·

| | |
|---|---|
| 味霖 | 2大匙 |
| 辣椒酱 ① | 1大匙 |
| 荫油 | 1大匙 |

〔见P37〕

·做法·

1 豆包切成丁。香菜切段，备用。

2 起锅，加入1大匙葡萄籽油（分量外）烧热，放入豆包以中小火炒香。

3 再加入橄榄菜及调味料拌炒均匀。

4 加入水1/2杯（分量外），转小火熬煮3分钟，起锅加入香菜即可。

美味小贴士

橄榄菜不是蔬菜，是源自广东潮汕地区的风味小菜，是用芥菜与橄榄做成的腌渍品，口味偏咸，所以调味的盐或是酱油要减少，免得过咸。

# 🍴 红烧冬瓜〔奶蛋素〕

## ·材料· \ 分量：4人份 /

| | |
|---|---|
| 冬瓜 | 300克 |
| 香菇梗素羊肉（见P78） | 30克 |
| 刺葱香菇酥（见P83） | 30克 |
| 豆包浆 | 100克 |
| 芹菜 | 20克 |
| 辣椒 | 20克 |
| 香菜 | 10克 |

## ·调味料·

| | | |
|---|---|---|
| A | 刺葱胡椒盐粉 Ⓘ | 1/4小匙 |
| | 盐 | 1/4小匙 |
| B | 甘薯粉 | 3大匙 |
| C | 海带蔬菜高汤（见P14） | 1杯 |
| | 香菇素蚝油 Ⓘ | 3大匙 |
| | 姜麻油 Ⓘ | 1大匙 |

Ⓘ〔见P27〕　Ⓘ〔见P38〕　Ⓘ〔见P33〕

## ·做法·

1　冬瓜切成10厘米见方的大块。芹菜切碎。辣椒去籽后切丝。香菜切段，备用。

2　豆包浆放入调理盆，加入调味料A拌匀，再加入香菇梗素羊肉、刺葱香菇酥拌匀。

3　取冬瓜块抹上甘薯粉后，再挂上做法2调好的豆包浆。

4　取高压锅，将冬瓜块凹面朝下放入，再加入调味料C。

5　盖上锅盖转紧，以中小火煮至压力阀上升至两条线后，转小火，计时10分钟。

6　熄火，待压力阀下降泄压后，掀开锅盖，盛盘后放上芹菜、香菜及辣椒即可。

**美味小贴士**

\* 冬瓜要挑选颜色较淡的，不要选太绿的，因为太绿的冬瓜吃起来会比较腥，颜色发白、肥厚的长冬瓜才比较甜。

\* 用电锅蒸，外锅加2杯水即可。

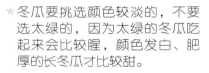

# 🍴 红曲甜豆炒素鱼片 〔全素〕

## ·材料· ＼分量：4人份 ／

| | |
|---|---|
| 豆包浆素鱼排（见P74） | 200克 |
| 碧玉笋 | 50克 |
| 甜豆 | 50克 |
| 辣椒 | 10克 |

## ·调味料·

| | |
|---|---|
| 红曲素蚝油酱 ① | 3大匙 |
| 荫油 | 1大匙 |
| 味霖 | 1大匙 |

①

〔见P59〕

## ·做法·

1. 豆包浆素鱼排切成厚片。碧玉笋切长段。甜豆去筋。辣椒切斜片，备用。

2. 起锅，加入1大匙葡萄籽油（分量外）烧热，放入豆包浆素鱼排以中小火煎至两面金黄。

3. 加入甜豆、调味料拌炒均匀。

4. 加入1/4杯水（分量外），转中火煮2分钟，再加入碧玉笋、辣椒炒匀即可。

# 咖喱时蔬煲〔蛋素〕

·材料· ＼ 分量：4人份 ／

| | |
|---|---|
| 马铃薯 | 250克 |
| 牛蒡天妇罗（见P84） | 120克 |
| 花菜 | 80克 |
| 芥末素鱼片（见P90） | 50克 |
| 胡萝卜 | 50克 |

·调味料·

| | |
|---|---|
| 姜黄咖喱粉 ① | 2大匙 |
| 咖喱酱 ② | 1大匙 |
| 盐 | 1/2小匙 |
| 白胡椒粉 ③ | 1/4小匙 |

〔见P31〕　〔见P47〕　〔见P23〕

·做法·

1　将马铃薯、胡萝卜分别去皮切滚刀块。花菜切小朵，备用。

2　起锅，加入1大匙葡萄籽油（分量外）烧热，放入胡萝卜以中小火炒香。

3　再加入马铃薯、芥末素鱼片、姜黄咖喱粉拌炒均匀后，加水2杯（分量外），以中火熬煮至沸腾。

4　再加入咖喱酱、盐和白胡椒粉，转小火熬煮15分钟。

5　最后加入牛蒡天妇罗、花菜，再煮1分钟即可。

# 🍴 酥炸春卷〔全素〕

·材料· ＼分量：4人份 ／

| | |
|---|---|
| 春卷皮 | 100克 |
| 卷心菜 | 300克 |
| 胡萝卜 | 50克 |
| 黑木耳（新鲜） | 20克 |
| 香菜 | 20克 |
| 紫苏豆皮香松（见P85） | 50克 |

·调味料·

| | |
|---|---|
| 酸甜酱 ① | 4大匙 |
| 盐 | 1/4小匙 |

①

〔见P69〕

· 做法 ·

1 卷心菜、胡萝卜、黑木耳分别切丝。香菜切段，备用。

2 起锅，加入2大匙葡萄籽油（分量外）烧热，放入胡萝卜以中火炒香。

3 加入卷心菜拌炒，再加入黑木耳、盐，炒至熟透起锅。

4 取1张春卷皮，放上炒好的馅料及香菜、紫苏豆皮香松，顺势包卷至1/2，左右折起包入，尾端封口刷上少许面糊（分量外）黏住。依序包好所有春卷。

5 将春卷放入170℃油锅中，以中火炸至金黄色酥脆，捞起沥干油，盛盘搭配酸甜酱食用。

美味小贴士

**自制春卷皮**

❶ 将300克水倒入不锈钢盆中，加高筋面粉200克、少许盐，搅拌均匀。

❷ 取不粘可丽饼锅（直径28厘米）以小火预热，从中心点倒入1杯量面糊，用可丽饼用的T字棒（推饼器）将面糊均匀推开，在推开的同时要转动T字棒的柄，像是要用面糊画个圆形，让面糊均匀延展开来。

❸ 煎至外围翘起，即可夹起起锅。

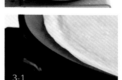

· 要点 ·

❶ 使用高筋面粉制作口感较好。若是春卷皮出现如右图的"拖棒"粘连现象，表示锅太热，要先降温再继续煎。

❷ 做春卷皮的时候，面糊材料还可以加点特殊调味粉，例如咖喱粉、红曲粉、紫薯粉等；或是把水换成豆浆、牛奶来制作成不同风味。

# 红烧狮子头 〔全素〕

·材料· ＼分量：4人份 ／

| | |
|---|---|
| 豆腐狮子头（见P76） | 300克 |
| 娃娃菜 | 150克 |
| 胡萝卜 | 30克 |
| 黑木耳（新鲜） | 20克 |
| 干香菇 | 20克 |

·调味料·

| | |
|---|---|
| 海带蔬菜高汤（见P14） | 2杯 |
| 香菇素蚝油 | 4大匙 |
| 姜麻油 | 1大匙 |
| 味霖 | 1大匙 |
| 白胡椒粉 | 1/4小匙 |

〔见P38〕　〔见P33〕　〔见P23〕

·做法·

1　娃娃菜切半。胡萝卜和黑木耳切丝，备用。

2　干香菇泡水软化后挤干，切丝备用。

3　起锅，加入姜麻油烧热，放入香菇以中小火炒香后，加入胡萝卜、黑木耳拌炒均匀。

4　再放入娃娃菜、其余调味料，以中火熬煮2分钟。

5　最后放入豆腐狮子头，煮沸后转小火继续煮5分钟即可盛盘。

美味小贴士
娃娃菜也可以换成大白菜，或是用菇类来取代。

# 🍴 蟹黄狮子头〔全素〕

·材料· ＼分量：4人份／

豆腐狮子头（见P76）··· 300克
草菇酥（见P82）········· 100克
胡萝卜 ··············· 60克
青豆 ················· 40克

·调味料·

海带蔬菜高汤（见P14） 1杯
珍珠滑菇酱 ① ········· 1杯
白胡椒粉 ② ········· 1/4小匙
盐 ··············· 1/4小匙

〔见 P51〕

〔见 P23〕

·做法·

1 将胡萝卜去皮后磨成泥状，备用。

2 起锅，加入2大匙葡萄籽油（分量外）烧热，放入胡萝卜以中小火炒香。

3 加入豆腐狮子头、草菇酥、海带蔬菜高汤及珍珠滑菇酱，以中小火煮至酱汁呈浓稠状。

4 再加入白胡椒粉、盐调味，起锅前加入青豆煮熟即可。

美味小贴士
珍珠滑菇酱本来就比较浓稠滑嫩，添加了珍珠滑菇酱的汤汁自然就无须勾芡了。

# 🍴 时蔬双串烧〔全素〕

## ·材料·   \ 分量：4人份 /

| 材料 | 分量 |
| --- | --- |
| 生豆包 | 60克 |
| 白豆干 | 60克 |
| 碧玉笋 | 50克 |
| 杏鲍菇 | 50克 |
| 彩椒 | 30克 |
| 竹扦子 | 适量 |

## ·调味料·

| 调味料 | 分量 |
| --- | --- |
| 蜜汁烧烤酱 ① | 1大匙 |
| 孜然辣酱 ② | 1大匙 |
| 万用香料粉 ③ | 适量 |

① 〔见 P49〕　② 〔见 P71〕　③ 〔见 P27〕

## ·做法·

1 豆包切半。白豆干切粗条。碧玉笋切长段。用豆包将白豆干和碧玉笋卷起来，以竹扦子穿好备用。

1-1　　1-2　　1-3

2-1　　2-2

**美味小贴士**

白豆干保存时必须完全泡在水中，放于冰箱冷藏，每天换水约可保存5天。勿购买过白的产品，有可能是泡过漂白水的。

2 杏鲍菇切长薄片。彩椒切条状。用杏鲍菇卷起彩椒，以竹扦子穿好备用。

3 将做法1、2的串放入不粘锅，以中小火煎至两面金黄后，刷上蜜汁烧烤酱、孜然辣酱。

4 起锅，撒上万用香料粉即可。

**关于食材**

**豆干**

豆腐碾压水分之后就成豆干，呈现暗白色。白豆干水分多，易腐坏。市面常见的外表有颜色的豆干，用了色素上色，以此减少水分，延长保存期限。

塔香素鸡块

刺葱咸酥杏鲍菇

# 🍴 塔香素鸡块〔蛋素〕

·材料· ＼分量：4人份／

| 干猴头菇 | 300克 |
| --- | --- |
| 甘薯粉 | 150克 |
| 九层塔 | 20克 |
| 鸡蛋 | 1个 |

·调味料·

| 荫油 | 2大匙 |
| --- | --- |
| 姜麻油 ① | 1大匙 |
| 中式香料粉 ⑩ | 1/4小匙 |
| 白胡椒粉 ⑩ | 1/4小匙 |
| 盐 | 1/4小匙 |

①
〔见P33〕

⑩
〔见P29〕

⑩
〔见P23〕

·做法·

1 猴头菇泡水30分钟后，挤去多余水，与鸡蛋、所有调味料拌匀。

2 将做法1拌好的猴头菇表面一一均匀裹上甘薯粉，放到反潮，放入170℃油锅中，以中火油炸至金黄。

3 起锅前再将九层塔放入略炸，一同捞起沥干油，盛盘。

美味小贴士

这道菜建议使用干猴头菇制作，较有口感；若用新鲜猴头菇，吃起来会比较软烂。

---

# 🍴 刺葱咸酥杏鲍菇〔全素〕

·材料· ＼分量：4人份／

| 杏鲍菇 | 300克 |
| --- | --- |
| 甘薯粉 | 100克 |
| 粳米粉 | 50克 |
| 刺葱 | 5克 |

·调味料·

| 荫油 | 3大匙 |
| --- | --- |
| 刺葱胡椒盐粉 ① | 1大匙 |

①
〔见P27〕

·做法·

1 杏鲍菇切滚刀块。刺葱撕除叶片中间的筋刺，备用。

2 杏鲍菇、荫油拌匀，再加入粳米粉及水3大匙（分量外）拌匀，腌渍3分钟。

3 将做法2的杏鲍菇表面一一均匀裹上甘薯粉，放到反潮，放入170℃油锅中，以中火油炸至金黄。

4 起锅前再将刺葱放入炸酥，一同捞起沥干油，与刺葱胡椒盐粉拌匀后盛盘。

美味小贴士

可以搭配其他菇类来制作。菇类可以先腌制半小时，不仅更入味，炸后也更加酥脆。

# 🍴 冬菜烧菜卷 〔全素〕

## ·材料· ＼ 分量：6人份 ／

| | |
|---|---|
| 笋子菜卷（见P80） | 6卷 |
| 素冬菜 | 1大匙 |
| 芹菜 | 20克 |
| 辣椒 | 15克 |
| 香菜 | 15克 |

## ·调味料·

| | | |
|---|---|---|
| A | 海带蔬菜高汤（见P14） | 2杯 |
| | 姜麻油 ① | 1大匙 |
| B | 荫油 | 3大匙 |
| | 冰糖 | 1大匙 |
| | 白胡椒粉 ② | 1/4小匙 |

① 〔见P33〕　② 〔见P23〕

## ·做法·

1　芹菜切小丁。辣椒去籽后切丝。香菜切段，备用。

2　冬菜洗净后挤干，备用。

3　起锅，加入姜麻油烧热，加入海带蔬菜高汤及冬菜，以中小火熬煮5分钟。

4　再加入调味料B及笋子菜卷，以小火熬煮3分钟。

5　起锅盛盘，撒上芹菜、辣椒及香菜即可。

## 关于食材

### 冬菜

冬菜是将卷心菜或大白菜切小块后晒干，与盐、辛香料一起搓揉腌渍而成，有独特的香味。在汤中加入冬菜，具有提鲜的效果。请购买未加大蒜腌渍的冬菜。

# 🍴 秋葵豆包卷〔全素〕

## ·材料· ＼分量：4人份／

| | |
|---|---|
| 生豆包 | 150克 |
| 秋葵 | 50克 |

## ·调味料·

| | |
|---|---|
| 破布子冬瓜酱 ① | 3大匙 |
| 珍珠滑菇酱 ② | 1/2杯 |
| 白胡椒粉 ③ | 1/4小匙 |
| 水 | 1/2杯 |

①

〔见P46〕　　〔见P51〕　　〔见P23〕

## ·做法·

1 秋葵烫熟。

2 将豆包摊平，涂上破布子冬瓜酱，放上秋葵后卷起，切小段。

3 取不粘锅，加入1大匙葡萄籽油（分量外）烧热，放入豆包卷以中小火煎至两面金黄。

4 再加入珍珠滑菇酱、白胡椒粉及水，以中小火煮沸即可。

> 美味小贴士
> 秋葵的汁液可以增加豆包的滑顺感。卷好的豆包卷也可以用糖醋、红烧等方式烹调。

## 美味小贴士

若是买整株百合，要逐瓣剥下洗净沙粒，用指甲挏掉瓣尾黄膜。新鲜百合在超市或是素料店可买到；若买不到新鲜的，可用干的代替，但使用前要用水泡30分钟到1小时至变软。

# 🍴 XO酱炒三蔬 〔奶蛋素〕

## ·材料· ＼分量：4人份 ／

| | |
|---|---|
| 西芹 | 100克 |
| 香菇梗素羊肉〔见P78〕 | 50克 |
| 新鲜百合 | 50克 |
| 鲜香菇 | 30克 |
| 胡萝卜 | 20克 |

## ·调味料·

| | |
|---|---|
| XO酱 ① | 3大匙 |
| 水 | 3大匙 |

 ① 〔见P42〕

## ·做法·

1. 西芹去除表皮及老筋后，切成菱形片。香菇及胡萝卜切片，备用。

2. 起锅，加入1大匙葡萄籽油（分量外）烧热，放入香菇以中小火炒香，再加入胡萝卜、香菇梗素羊肉略拌炒。

3. 最后加入西芹及百合、调味料拌炒至熟透即可。

### 关于食材

**百合**

百合是百合花的鳞茎，含有秋水仙碱等多种生物碱，具有良好的营养滋补功效。干燥后的百合入药膳则常用于补脾润肺，祛痰止咳。挑选新鲜百合时，以鳞片大且肥厚、扎实，根须健康无变色的为佳。

**美味小贴士**

海苔头泡水过程中，若水不足要加水，建议换水2~3次。至少要浸泡20分钟，泡多软视个人喜好。

# 🍴 三杯海茸紫米糕 〔全素〕

## ·材料· ＼分量：4人份／

| | |
|---|---|
| 紫米糕（见P79） | 200克 |
| 干海茸头 | 60克 |
| 九层塔 | 30克 |
| 姜 | 20克 |
| 辣椒 | 20克 |

## ·调味料·

| | |
|---|---|
| 香菇素蚝油 ① | 3大匙 |
| 味霖 | 2大匙 |
| 姜麻油 ② | 1大匙 |
| 水 | 1/4杯 |

〔见P38〕　　　〔见P33〕

## ·做法·

1. 干海茸头泡水2小时，沥干备用。

2. 九层塔去除老梗。姜切片。辣椒切片，备用。

3. 起锅，加入姜麻油烧热，放入姜片炒香，加入海茸头、紫米糕拌炒均匀。

4. 再加入其余调味料，以中小火拌炒至汤汁略收干后，加入辣椒、九层塔拌匀即可。

**关于食材**

**海茸头**

海茸头是生长于海底礁石的藻类，泡水烹煮后因外形口感与海螺相似，所以俗称素海螺。富含藻聚糖、褐藻酸、维生素、氨基酸和微量元素，为黏滑性可溶性纤维，对人体有益。素料店可买到。

酸辣土豆丝

泰式素鱼排

## 🍴 酸辣土豆丝〔全素〕

**·材料·** ＼分量：4人份 ／

| | |
|---|---|
| 土豆（马铃薯） | 200克 |
| 香菜 | 20克 |
| 熟白芝麻 | 1大匙 |

**·调味料·**

| | | |
|---|---|---|
| 水果醋 ① | | 3大匙 |
| 椒麻辣油 ② | | 1大匙 |
| 味霖 | | 1大匙 |
| 盐 | | 1/4小匙 |

①
②
〔见P40〕　〔见 P35〕

**·做法·**

1　土豆去皮切丝，泡水10分钟。香菜切段，备用。

2　起锅，加入1大匙葡萄籽油（分量外）烧热，放入沥干的土豆丝，以中小火炒香。

3　加入所有调味料拌炒均匀后起锅，盛盘后撒上白芝麻、香菜即可。

> 美味小贴士
> 土豆丝浸泡时要多换几次水，以去除多余的淀粉，这样土豆丝的口感会比较脆。

## 🍴 泰式素鱼排〔全素〕

**·材料·** ＼分量：4人份 ／

| | |
|---|---|
| 豆包浆素鱼排（见P74） | 300克 |
| 番茄 | 50克 |
| 秀珍菇 | 30克 |
| 芹菜 | 20克 |
| 辣椒 | 10克 |

**·调味料·**

| | | |
|---|---|---|
| 柠檬酸辣酱 ① | | 4大匙 |

① 　〔见 P50〕

**·做法·**

1　豆包浆素鱼排切厚片。番茄切块。芹菜切末。辣椒去籽后切碎，备用。

2　起锅，加入2大匙葡萄籽油（分量外）烧热，放入豆包浆素鱼排，以中小火煎至两面金黄，取出盛盘。

3　原锅放入番茄拌炒至软化后，加入秀珍菇拌炒均匀。

4　加入柠檬酸辣酱，转小火煮2分钟至浓稠，起锅淋在素鱼排上，放上芹菜、辣椒即可。

> 美味小贴士
> 因为柠檬酸辣酱带酸，绿色蔬菜不宜与之煨煮太久以免叶绿素氧化。可先将蔬菜炒熟起锅，再来煮柠檬酸辣酱，等煮好再倒到炒好的时蔬上，拌在一起即可。

**美味小贴士**

猴头菇在烘干过程中会自然产生苦味，泡发时要重复挤干、换水的步骤5～6次，必须泡到挤出来的水从黄色变成无色。猴头菇上黑色的部分有更重的苦味，要切除。

# 🍴 黑胡椒素猪排〔蛋素〕

## ·材料· ＼分量：4人份／

A 干猴头菇 ………… 200克
　 花菜 ………………… 80克
　 玉米 ………………… 80克
　 胡萝卜 …………… 120克
B 甘薯粉 …………… 50克
　 鸡蛋 ………………… 1个

## ·调味料·

A 香菇素蚝油 ① …… 2大匙
　 中式香料粉 ② …… 少许
B 香草高汤（见P15）… 1杯
　 黑胡椒酱 ③ ……… 4大匙
　 香菇素蚝油 ④ …… 3大匙

① 〔见P38〕　② 〔见P29〕　③ 〔见P53〕

## ·做法·

1　猴头菇泡水30分钟后，挤去多余水，撕成丝状。

2　将猴头菇丝放入调理盆中，加入材料B、调味料A混合拌匀，用双手捏塑成直径7厘米的圆球状。

1

2-1

2-2

2-3

2-4

2-5

3　烧热不粘平底锅，倒入1大匙葡萄籽油（分量外），放入做法2的猴头菇球以平煎铲压成饼状，以中小火慢慢煎至两面金黄，即为猴头菇排，起锅备用。

4　另起锅，加入黑胡椒酱、香菇素蚝油炒香，再加入香草高汤，以中小火熬煮至浓稠状，放入煎好的猴头菇排略煮，盛盘。

5　分别将花菜、玉米、胡萝卜切成适当大小，放入加有少许盐（分量外）的滚水中烫熟，取出沥干，摆入做法4的盘子中即完成。

> 关于食材

猴头菇

猴头菇鲜甜爽脆，因为外形像猴子的头部而得名。新鲜的猴头菇呈雪白绒毛状，鲜甜美味，但不易购得，市面上有干品（如上图）、罐头制品及处理好的真空包装的成品可选用。

# ㅔㅣ野菇时蔬佐牛肝菌酱〔蛋素〕

·材料· ╲分量：4人份 ╱

松本茸 ———————— 160克
煮熟的鹌鹑蛋 ———— 4个
胡萝卜 ———————— 40克
小黄瓜 ———————— 40克
食用花 ———————— 适量

·调味料·

迷迭香橄榄油  2大匙
牛肝菌酱  2大匙
韩式辣酱  1大匙

〔见 P32〕  〔见 P56〕  〔见 P59〕

·做法·

1  松本茸切半。鹌鹑蛋横切两半。胡萝卜挖球。小黄瓜刨片后卷起来，备用。

2  起锅，加入迷迭香橄榄油烧热，放入松本茸、胡萝卜球以中小火煎香。

3  再加入牛肝菌酱拌炒至熟透即可盛出摆盘。

4  摆上小黄瓜卷、鹌鹑蛋及食用花，搭配韩式辣酱食用。

关于食材

松本茸

是来自日本的珍贵菌种，外形圆滚滚，口感香脆鲜甜，香气十足，富含优质氨基酸——鸟氨酸，能强化肝功能、消除疲劳。

# 🍴 尼克蛋马铃薯 〔奶蛋素〕

·材料· 〉分量：2人份 〈

马铃薯 ................ 1个
鸡蛋 .................. 2个
各式生菜 ............. 50克
食用花 ............... 适量

·调味料·

荷兰酱 ⓘ ............ 4大匙
迷迭香橄榄油 ⓘⓘ ... 1大匙
玫瑰花盐粉 ⓘⓘⓘ ..... 1/4小匙

〔见P54〕

〔见P32〕

〔见P23〕

·做法·

1  马铃薯带皮洗干净后，放入汤锅中以中小火煮30分钟，备用。

2  煮一锅滚水，加入2大匙白醋（分量外），用打蛋器搅拌出旋涡状，打入鸡蛋，
   盖上锅盖即熄火，闷30秒，做成水波蛋。

3  将马铃薯揭去皮后切半盛盘，淋上荷兰
   酱，放上水波蛋、各式生菜、食用花，撒
   上玫瑰花盐粉，淋上迷迭香橄榄油即可。

美味小贴士

＊把水搅拌出旋涡状再打入鸡
  蛋，利用水流，蛋白会把蛋黄
  包覆起来，水中可以加入白
  醋，以增加蛋白凝固力。

＊马铃薯煮的时候带皮煮，熟透
  后再撕去外皮，这样马铃薯不
  容易煮烂。

# 🍴 起司蛋饺 〔奶蛋素〕

·材料· ＼分量：4人份 ／

| 鸡蛋 | 300克 |
|------|-------|
| 西葫芦 | 150克 |
| 起司丝 | 100克 |

·调味料·

| 松露蘑菇酱 ① | 2大匙 |
|------|-------|
| 盐 | 1/4小匙 |

①

〔见P58〕

·做法·

1　鸡蛋打入调理盆中，加盐拌匀后过滤备用。

2　西葫芦切成小丁，备用。

3　起锅，加入1大匙葡萄籽油（分量外）烧热，放入西葫芦以中火炒香，加入松露蘑菇酱拌炒调味，即为馅料。

4　甜甜圈锅（或平底锅）以刷子刷上油，倒入20克蛋液成圆片，等蛋皮边缘熟后，放入适量起司丝和馅料。

5　以中小火煎至半熟后，将蛋皮对折，煎熟后起锅盛盘。

关于食材

西葫芦

西葫芦又称为夏南瓜，有绿色、黄色两种，黄色的叫香蕉西葫芦。西葫芦不用去皮可直接使用，鲜甜清爽、脆嫩多汁，可生食、炖煮或煎烤，食用方式多样。

美味小贴士

千张在市场和超市均可买到，没用完的要冷冻保存，且要将千张密封好免得风化后变脆，并且不可以沾到水。

# 🍴 松露双菇卷佐玫瑰花盐〔全素〕

## ·材料· ＼分量：5人份／

| | |
|---|---|
| 金针菇 | 200克 |
| 胡萝卜 | 50克 |
| 黑木耳（新鲜） | 30克 |
| 千张 | 5张 |
| 面糊 | 适量 |

## ·调味料·

| | |
|---|---|
| 松露蘑菇酱 ❶ | 3大匙 |
| 白胡椒粉 ❶ | 1/4小匙 |
| 玫瑰花盐粉 ❶ | 适量 |

〔见P58〕　　〔见P23〕　　〔见P23〕

## ·做法·

1　金针菇去尾部，切成两段。胡萝卜和黑木耳切丝，备用。

2　起锅，加入1大匙葡萄籽油（分量外）烧热，放入胡萝卜炒香，加入金针菇、黑木耳略炒匀，再加入松露蘑菇酱、白胡椒粉炒匀，即为馅料，起锅备用。

3　千张摊开，取适量馅料放上，往上包卷至中间时，将左右两边对折至中间包起，涂上面糊封口固定。

4　油锅烧热至170℃，放入做法3的千张卷以中火炸至金黄，捞起沥干油，蘸取玫瑰花盐粉食用。

关于食材

千张

千张颜色米黄，也称为黄豆皮，是经过压制的特殊豆制品，是一种薄的豆腐干片，可以想象成是一片特别大、特别薄、有一定韧性的豆腐干。港式茶餐厅中的"腐皮卷"也是用这种超薄豆皮制作的。

# 🍴 酪梨草莓卷 〔全素〕

美味小贴士
搭配任何季节的蔬果均可。

## ·材料· ＼分量：4人份 ／

| A | 高筋面粉 | 200克 |
|---|---|---|
| | 水 | 300毫升 |
| B | 酪梨 | 100克 |
| | 草莓 | 100克 |
| | 苜蓿芽 | 80克 |
| | 香菇肉松（见P86） | 3大匙 |

## ·调味料·

| 橙汁酱 ① | 4大匙 |
|---|---|
| 盐 | 少许 |

① 〔见P55〕

## ·做法·

1 酪梨切成条状。草莓切不切均可，备用。

2 将高筋面粉、水和盐放入调理盆中，用打蛋器拌匀。

3 参考P127自制春卷皮的做法，将面糊煎成春卷皮。

4 取1张春卷皮，放上苜蓿芽、酪梨、草莓和香菇肉松，淋上橙汁酱，包卷起来，切段盛盘即可。

# Part 3

## 美味饱足的米面食

健康又养生的蝶豆花珍珠丸、姜黄米苔目、
客家南瓜粄、小米蛋饼……
全都是自己手工做，绝对让人吃到无添加的好素！

# 🍴椒麻胡萝卜凉面〔蛋素〕

·材料· ╲分量：2人份╱

A 中筋面粉 ———————— 200克
　胡萝卜 ————————— 150克
　水 —————————— 100毫升
B 鸡蛋 ————————————— 1个
　小黄瓜 ————————— 50克
　胡萝卜 ————————— 20克

·调味料·

椒麻芝麻酱 ① ——————— 4大匙
葡萄籽油 ———————— 1大匙
盐 ——————————— 1/4小匙

 〔见 P49〕

美味小贴士

＊面团需揉至"三光"状态，即：手光滑（干净）、面团光滑、钢盆或台面光滑。

＊面团揉好后需静置松弛约20分钟，此时要盖上干净的湿布或保鲜膜，防止水分散失、面团变干。

·做法·

1　材料A的胡萝卜去皮、切块，放入果汁机中，加水打成泥状。

2　中筋面粉过筛，倒在干净台面上（或不锈钢盆内）。

3　加入盐、葡萄籽油、胡萝卜泥，用手往同一方向搅拌，让材料渐渐混合。

4　等粉水全部集合成团，用力来回搓揉面团至混合均匀，达到"三光"状态。

5　成团后滚圆，盖上保鲜膜，室温静置松弛约20分钟，松弛完成的面团表面会变得更圆更光滑。

6　将面团擀开成0.2厘米薄的方形片状，撒上面粉（分量外）防粘连，折成三折，再切成宽条，备用。

7　材料B的小黄瓜、胡萝卜分别切丝；鸡蛋打散，加入少许盐（分量外）拌匀成蛋汁。

8　将蛋汁倒入锅中煎成蛋皮，再切成细丝，备用。

9　将面条放入滚水中煮熟，捞起后冰镇装盘，淋上椒麻芝麻酱，摆上小黄瓜丝、胡萝卜丝、蛋丝即可。

# 🍴 客家南瓜粄 〔全素〕

·材料· ＼分量：2人份／

A 粳米粉 ·············· 250克
　 冷水 ················· 1杯半
B 栗子南瓜 ·········· 80克
　 水 ···················· 1杯

·调味料·

素臊 ① ·············· 3大匙
盐 ···················· 1/4小匙
白胡椒粉 ① ········ 1/4小匙

〔见P44〕

〔见P23〕

**美味小贴士**
粄是客家最常见的传统美食。刚刚蒸好的粄稍微稀一点，等水汽蒸发后口感会变得富有弹性。

（编者注：粄为古汉字，也是客家话、海南话的特色词，泛指用米浆或米粉所制食品）

· 做法 ·

1　粳米粉加入半杯水调匀。

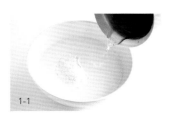

2　栗子南瓜去皮、去瓤、切片后，放入蒸笼以大火蒸10分钟后取出，加1杯水，
　　用手持搅拌棒打成泥状。

3　南瓜泥倒入锅中，以小火加热煮至沸腾，再倒
　　入做法1的米浆、盐和白胡椒粉，搅拌成糊。

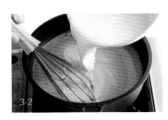

4　倒入模具中，放上素臊，放入蒸笼以大火蒸25分钟，取出待凉即可。

# 蝶豆花珍珠丸佐甜辣椒酱 〔全素〕

· 材料 · ＼ 分量：6~8人份 ／

| | |
|---|---|
| 西谷米 | 300克 |
| 白豆干 | 150克 |
| 沙拉笋 | 80克 |
| 胡萝卜 | 50克 |
| 蝶豆花 | 30克 |

· 调味料 ·

| | |
|---|---|
| 金针菇酱 ① | 4大匙 |
| 甜辣椒酱 ① | 4大匙 |

① 〔见P48〕　　① 〔见P41〕

· 做法 ·

1  蝶豆花以100℃热水1杯
   （分量外）浸泡7分钟。

1-1                1-2

2  将白豆干、沙拉笋、胡
   萝卜分别切成小丁，备
   用。

3  起锅，加入1大匙葡萄籽油（分量外）烧热，放入胡萝卜以中小火炒香。

4  再加入白豆干、沙拉笋略拌炒后，加入金针菇酱拌炒3分钟，即可熄火盛出。

5  西谷米加80毫升冷水（分量外）拌匀，再加入做法1的蝶豆花水拌匀。

6  取适量西谷米在手上摊平，包入适量做法4的馅料后搓圆，放入蒸笼以大火蒸7
   分钟，取出搭配甜辣椒酱食用。

关于食材

蝶豆花

蝶豆花含有丰富的花青素。干燥的蝶豆花
是深蓝色，放进热水中舒展开就会呈现蓝
紫色。蝶豆花泡出来的水本身没有味道，
可作为天然染色剂。

美味小贴士

西谷米吸水后一颗一颗的比
较散，冲入热的蝶豆花水，
用意是让些许西谷米糊化，
增加黏性，这样更容易包
馅。

# 🍴 香椿煎饼〔全素〕

· 材料 · \ 分量：4人份 /

| | |
|---|---|
| 中筋面粉 | 400克 |
| 90℃热水 | 1杯 |
| 冷水 | 100毫升 |

· 调味料 ·

| | | |
|---|---|---|
| A | 迷迭香橄榄油 🎵 | 2大匙 |
| | 盐 | 1/4小匙 |
| | 白胡椒粉 🎵 | 1/4小匙 |
| B | 香椿酱 🎵 | 2大匙 |

（见P32）　（见P23）　（见P47）

## ·做法·

1. 中筋面粉放入不锈钢盆内，加入调味料A，冲入热水，用擀面杖往同一方向拌匀。

1-1

2. 再加入冷水，用擀面杖搅拌，让粉、水混合，再用手揉成面团，取出放在干净平台上（可撒少许手粉），用力来回搓揉至面团表面光滑，整成圆形，盖上保鲜膜静置松弛20分钟。

1-2

1-3

3. 取出擀成长椭圆形片，抹上香椿酱，卷起，分割成4个，再松弛10分钟备用。

2-1

2-2

3-1

3-2

3-3

4-1

4-2

4-3

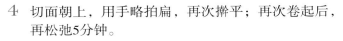

4. 切面朝上，用手略拍扁，再次擀平；再次卷起后，再松弛5分钟。

5. 擀平成圆形片，放入平底锅中，以中小火煎至金黄香酥即可。

5

---

**美味小贴士**

这是"烫面"做法，先在粉类材料中冲入热水，用工具搅拌混合后，再加入冷水揉成团。热水可使粉类材料糊化，先混拌均匀后，再揉成面团。若仍有粉的质感，可再视情况慢慢添加少量冷水，以此调节面团的软硬度，并让成品较有弹性。

# 🍴 草菇蚵仔煎 〔蛋素〕

## ·材料· \ 分量：2人份 /

A 草菇 ────────── 80克
  甘薯粉 ─────────── 3大匙
B 甘薯粉 ────────── 100克
  水 ────────────── 1杯
C 茼蒿 ────────── 60克
  鸡蛋 ─────────── 2个

## ·调味料·

A 柠香芥末盐粉 ① ──── 1大匙
  海苔粉 ───────── 1/2小匙
B 海山酱 ⑪ ───────── 4大匙

〔见P31〕

〔见P39〕

## ·做法·

1 草菇烫过捞起，以柠香芥末盐粉、海苔粉及3大匙甘薯粉拌匀，腌制10分钟。

2 取100克甘薯粉加水，拌匀备用。

3 平底锅加入2大匙油烧热，放入草菇以中火煎香后，舀入1杯甘薯粉浆。

4 再放入茼蒿、打入鸡蛋，煎至蛋半熟后翻面。

5 待粉浆变成透明状后，盛盘淋上海山酱即可。

> 美味小贴士
>
> 粉浆调得越浓，口感相对越硬实，调得越稀口感越软，可以依照个人喜好调整；判断粉浆熟没熟，以粉浆是否变成透明状为依据。

# 🍴 红凤菜汁拌饭 〔全素〕

## ·材料· \ 分量：4人份 /

| 红凤菜 | 300克 |
|---|---|
| 越光米 | 2杯 |
| 胡萝卜 | 30克 |
| 青豆 | 50克 |
| 玉米粒 | 30克 |
| 烤熟的松子 | 3大匙 |

## ·调味料·

| 姜麻油 ① | 1大匙 |
|---|---|
| 盐 | 1/4小匙 |
| 白胡椒粉 ② | 1/4小匙 |

①
〔见P33〕

②
〔见P23〕

## ·做法·

1 胡萝卜切成小丁。青豆烫熟，备用。

2 锅中放入红凤菜，加入2杯水（分量外），盖上锅盖，以中小火煮至冒烟后熄火。

3 夹出红凤菜保留汤汁，倒入越光米，盖上锅盖，以中小火煮至冒烟后转小火，计时8分钟，熄火，再闷15分钟，备用。

4 另起一锅，放入姜麻油烧热，加入胡萝卜以中小火拌炒，再加入青豆、玉米粒炒匀。

5 待香气十足后，以盐、白胡椒粉调味，与做法3的米饭拌匀，盛盘撒上松子即可。

### 美味小贴士

＊红凤菜除含丰富的花青素外，铁含量也高。煮红凤菜时使用不锈钢锅具，可以保持花青素的色泽。

＊做法3夹出的红凤菜可另外当配菜食用。

＊做法3的红凤米饭可用电饭煲或电锅煮熟。

# 🍴 红油豆腐抄手 〔全素〕

## ·材料· \ 分量：4人份 /

| | |
|---|---|
| 馄饨皮 | 30张 |
| 板豆腐 | 1块 |
| 绿豆芽 | 60克 |
| 香菜 | 20克 |

## ·调味料·

| | |
|---|---|
| A 炸酱 ① | 4大匙 |
| B 椒麻辣油 ① | 4大匙 |
| 香菇素蚝油 ② | 2大匙 |
| 姜麻油 ③ | 1大匙 |
| 味霖 | 1大匙 |

〔见 P45〕　〔见 P35〕

〔见 P38〕　〔见 P33〕

## ·做法·

1 香菜切碎。板豆腐压成泥后，和炸酱、香菜碎拌匀。

2 调味料B拌匀为淋酱，备用。

3 取一张馄饨皮，边缘蘸点水，舀上适量做法1的豆腐馅，包成馄饨，依序包好至材料用毕。

3-1

3-2

3-3

3-4

3-5

3-6

4 煮一锅滚水，放入绿豆芽烫熟后装盘，备用。再放入馄饨煮熟，捞起放在绿豆芽上。

5 淋上做法2的淋酱即可。

> **美味小贴士**
> 馄饨一次可以多做一些，排入不锈钢盘中放入冰箱冷冻室，待冻硬后，分装入袋，继续冷冻保存。

美味小贴士

＊一般制作萝卜糕时多使用清水调粉浆，这里改用海带蔬菜高汤，鲜美度倍增。

＊刚蒸好的萝卜糕非常软，要等完全冷却后再取出。冷藏约可保存7天。

＊模具内侧可先用油刷涂上薄薄的一层油，利于后面脱模。

# 🍴 香菇素萝卜糕〔全素〕

## ·材料· \ 分量：4人份 /

白萝卜 ················· 600克
干香菇 ················· 30克
粳米粉 ················· 300克

## ·调味料·

海带蔬菜高汤（见P14）··· 4杯
香菇粉① ··············· 1/4小匙
盐 ··················· 1/4小匙
白胡椒粉① ············· 1/4小匙

〔见P23〕

〔见P23〕

## ·做法·

1. 白萝卜去皮，刨丝。干香菇泡水至变软，挤干，切丝，备用。

1-1　1-2

2. 起锅，加入2大匙油烧热，放入香菇丝以中火炒香。

3. 再放入白萝卜丝拌炒5分钟，加入香菇粉、盐、白胡椒粉及2杯海带蔬菜高汤拌匀，以中火熬煮10分钟至白萝卜变透明。

2

3-1

3-2

4-1

4-2

4-3

4. 粳米粉加入2杯海带蔬菜高汤，搅拌均匀成粉浆，倒入做法3的锅中，以中火边搅拌边煮至呈浓稠糊状，熄火。

5. 将米糊倒入模具中，表面抹平，放入蒸笼以大火蒸30分钟，待熟透后起锅待凉；可直接吃，或是切片放入锅中煎至表面金黄后食用。

5

美味小贴士

＊制作米苔目时可加入胡萝卜汁、蝶豆花汁、红曲等，用天然色素染色，看起来特别美观。

＊刨入锅内的米苔目，原则上煮到浮起来就代表已经熟了。

# 姜黄米苔目〔蛋素〕

## ·材料· ＼分量：4人份 ／

A 粳米粉————————500克
  90℃热水————————1杯
  冷水——————————1/2杯
B 笋子菜卷（见P80）———100克
  牛蒡天妇罗（见P84）———300克
  胡萝卜—————————50克
  鲜香菇—————————50克
  香菜———————————10克

## ·调味料·

姜黄咖喱粉 ①———————1大匙
炸酱 ②————————————3大匙
盐——————————————1大匙
白胡椒粉 ③————————1大匙

 ①     ②     ③

〔见 P31〕    〔见 P45〕    〔见 P23〕

## ·做法·

1 粳米粉放入不锈钢盆内，加入姜黄咖喱粉，冲入90℃热水，用擀面杖搅拌成团，再加入冷水拌匀成米团。

1-1

1-2

1-3

1-4

1-5

1-6

2 起锅，水煮开，转小火，用刨丝器将米团刨成条状入锅，煮熟后捞起放入碗中，备用。

3 胡萝卜去皮后切丝。香菇切丝，备用。

4 起锅，加入1大匙葡萄籽油（分量外）烧热，放入香菇、胡萝卜以中火炒香，再加入水1000毫升（分量外）以中火煮开。

5 再加入笋子菜卷、牛蒡天妇罗及盐、白胡椒粉调味，煮至沸腾即可。

6 将做法5的汤料舀入做法2的米苔目碗中，再加入炸酱、香菜即可。

2-1

2-2

# 🍴 小米蛋饼 〔蛋素〕

·材料· \ 分量：4人份 /

A 中筋面粉 ........................ 200克
　小米 ............................. 50克
　水 ............................... 1杯
B 美生菜 ........................... 80克
　鸡蛋 ............................. 4个
　紫苏豆皮香松（见P85） ........... 4大匙

·调味料·

蜜汁烧烤酱① ....................... 4大匙
盐 ................................. 少许

 ①  〔见 P49〕

### 关于食材

#### 小米

小米具有独特的口感及清香，营养丰富，单位热量、蛋白质及脂肪含量均高于小麦及稻米，钙、铁、磷、β-胡萝卜素含量亦丰，常被做成小米粥。挑选时注意挑米粒完整，呈现自然的淡黄色光泽的。

### 美味小贴士

在煎饼皮时锅中不用加油，加油反而会使饼皮不易成形，待饼皮要翻面时移开饼皮，再加入油去煎蛋，这时蛋白质会更焦香。

· 做法 ·

1　小米放入大碗中，加清水盖过，浸泡30分钟；美生菜切丝，备用。

2　小米沥干，加入中筋面粉、盐及水，以手持搅拌棒打成糊状。

3　取不粘可丽饼锅（直径28厘米）以小火预热，从中心点倒入1杯量小米面糊，用可丽饼用的T字棒（推饼器）将面糊均匀推开，在推开的同时要转动T字棒的柄，像是要用面糊画圆般，让面糊均匀延展开。

4　用小火煎至周围饼皮翘起后，将饼皮夹起移开锅面。

5　锅中加入1大匙葡萄籽油（分量外），打入1个鸡蛋，盖上饼皮，以中小火煎至蛋熟化，翻面。

6　刷上蜜汁烧烤酱，摆上美生菜丝，加上1大匙紫苏豆皮香松，卷起即可。

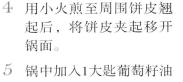
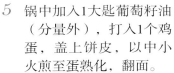

# 🍴 西葫芦粉丝煲〔全素〕

·材料· ＼分量：4人份 ／

| | |
|---|---|
| 香蕉西葫芦 | 150克 |
| 冬粉 | 80克 |
| 碧玉笋 | 40克 |
| 鲜香菇 | 30克 |
| 辣椒 | 20克 |
| 香菜 | 10克 |

·调味料·

| | |
|---|---|
| 金针菇酱 ① | 4大匙 |
| 荫油 | 2大匙 |
| 味霖 | 1大匙 |
| 白胡椒粉 ① | 1/2小匙 |

〔见P48〕

〔见P23〕

·做法·

1　香蕉西葫芦切条。碧玉笋切长段。
　香菇切丝。辣椒切斜片。香菜切段，备用。

2　冬粉泡水10分钟，备用。

3　起锅，加入1大匙葡萄籽油（分量外）烧热，放入香菇以中火炒香。

4　再加入香蕉西葫芦、辣椒及所有调味料拌炒均匀。

5　加入2杯水（分量外）及冬粉，以中小火煮3分钟，加入碧玉笋炒热，
　放入香菜即可。

# 🍴 小米爱香蕉〔全素〕

·材料· ＼分量：4人份 ／

| | |
|---|---|
| 小米 | 600克 |
| 香蕉 | 3根 |
| 香蕉叶 | 数片 |

美味小贴士

＊小米口感不那么顺滑，打泥时需先将小米泡过水再来打。

＊此道料理的味道来自香蕉，因此建议香蕉选用熟透的，这样的香蕉没有涩味，甜味也较多。

·做法·

1 小米放入大碗中，加清水盖过，浸泡1小时，沥干。

2 香蕉剥皮，和做法1的小米一起以调理机打成泥状。

3 以香蕉叶包起适量做法2的香蕉小米泥，顺叶纹卷起（不需另外固定）。

4 收尾处向下排入蒸笼，以大火蒸30分钟，起锅即可直接食用。

3-1

3-2

3-3

# 🍴 灵菇米糕 〔全素〕

美味小贴士

制作米糕时，无论采用电锅还是高压锅，水量一定要往下调整，米糕才不会成烂糊状，1杯糯米兑上0.7～0.8杯水去煮即可。糯米洗过后不用浸泡。

## · 材料 · ＼分量：4人份／

| | |
|---|---|
| 长糯米 | 2杯 |
| 自制和风百灵菇（参考P108做法1~3） | 120克 |
| 熟花生仁 | 50克 |
| 干香菇 | 30克 |
| 香菜段 | 20克 |

## · 调味料 ·

| | |
|---|---|
| 姜麻油 ① | 3大匙 |
| 荫油 | 3大匙 |
| 味霖 | 2大匙 |
| 白胡椒粉 ① | 1/4小匙 |

〔见P33〕

〔见P23〕

## · 做法 ·

1　长糯米洗净后，放入电锅，外锅加入1.5杯水（分量外）煮熟。

2　干香菇泡水至变软，挤干，切丝备用。

3　起锅，加入姜麻油烧热，放入香菇、熟花生仁以中火炒香后，加入糯米饭拌匀。

4　再加入荫油、味霖、白胡椒粉拌炒均匀，熄火盛出。

5-1

5　和风百灵菇切片排入碗中，填入做法4的材料压实，再反扣在餐盘上，摆上香菜即可。

5-2

# 龙葵小米粥〔全素〕

## ·材料· ＼分量：4人份／

| | |
|---|---|
| 草菇酥（见P82） | 100克 |
| 龙葵 | 60克 |
| 鲜香菇 | 30克 |
| 小米 | 1/2杯 |
| 糙米 | 1/2杯 |

## ·调味料·

| | |
|---|---|
| 豆豉萝卜酱① | 1大匙 |
| 盐 | 1/4小匙 |
| 白胡椒粉① | 1/4小匙 |

① 〔见P52〕　② 〔见P23〕

## ·做法·

1. 香菇切丁。龙葵摘取嫩茎及叶片，备用。

2. 起锅，加入1大匙葡萄籽油（分量外）烧热，放入香菇以中火炒香。

1

3. 再加入小米、糙米及水5杯（分量外），以中火煮开后，转小火熬煮10分钟。

4. 加入白胡椒粉、盐调味，再加入草菇酥、龙葵继续煮2分钟即可熄火，盛碗后放入豆豉萝卜酱即可。

## 关于食材

### 龙葵

龙葵是一种野菜，其嫩茎及嫩叶可用来炒、煮、汆烫或煮汤。需注意其叶片含有生物碱，会影响胃肠道和神经系统，生食会中毒，必须加热煮熟。煮熟后的茎叶也不可吃过量，同样可能出现中毒现象。

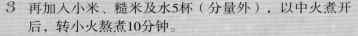

# 焗烤XO酱紫米糕〔奶素〕

## ·材料· ＼分量：4人份 ／

| | |
|---|---|
| 紫米糕（见P79） | 300克 |
| 豆腐狮子头（见P76） | 100克 |
| 番茄 | 50克 |
| 起司丝 | 30克 |
| 起司粉 | 10克 |
| 九层塔 | 5克 |

## ·调味料·

| | |
|---|---|
| XO酱 ① | 2大匙 |

 〔见P42〕

## ·做法·

1　紫米糕、番茄分别切块。九层塔切碎，备用。

2　起锅，放入XO酱以中小火炒香。

3　加入紫米糕、番茄拌炒，再加入九层塔拌匀后，装入焗烤盘中。

4　摆上豆腐狮子头，撒上起司丝、起司粉，放入180℃烤箱中烤约5分钟，至起司熔化上色即可。

### 美味小贴士

紫米糕如果是冷藏保存的，米粒口感会比较硬，到做法3时可以加入少许水烹煮，煮至紫米糕回软且收干水分再焗烤，这样焗烤后汤汁才不会太多。

# Part 4

## 暖心暖胃的汤品

佛跳墙、鲜笋美味羹、麻油酒香锅、
日式南瓜味噌汤、泰式酸辣河粉汤……
道道丰盛又好吃，谁说吃素不能吃得尽兴又满足！

# 🍴 佛跳墙〔奶蛋素〕

## ·材料· ＼分量：4人份／

| | |
|---|---|
| 芋头 | 80克 |
| 猴头菇（冷冻品） | 80克 |
| 自制和风百灵菇（参考P108做法1~3） | 60克 |
| 素肚 | 60克 |
| 香菇梗素羊肉（见P78） | 60克 |
| 刺葱香菇酥（见P83） | 50克 |
| 栗子 | 50克 |
| 腰果 | 30克 |
| 干香菇 | 20克 |
| 素翅（市售） | 20克 |

## ·调味料·

| | |
|---|---|
| 荫油 | 1大匙 |
| 盐 | 1/4小匙 |
| 白胡椒粉 ① | 1/4小匙 |

①  〔见P23〕

## ·做法·

1　芋头去皮后切大块。和风百灵菇、素肚切滚刀块。干香菇泡水至变软，备用。

2　将所有材料放入汤锅中，加入调味料及水2000毫升（分量外）。

3　开中火煮开后，转小火煨煮10分钟，待食材入味软化后即可食用。

**美味小贴士**

也可以用高压锅烹煮，将所有材料放入后，再盖上锅盖，以中小火煮至上压后，转小火计时2分钟后熄火，待压力阀下降泄压即可。

**关于食材**

**素翅**

素翅（素鱼翅），又称假翅、环保翅，是鱼翅的仿制品。耐久煮，多以明胶（海草胶）或魔芋制作，不含动物成分。本身没有味道，可吸收汤汁与其他食材的味道。

# 🍴 豆蔻马铃薯浓汤佐法国面包 〔奶素〕

## ·材料· ＼分量：4人份／

| | |
|---|---|
| 马铃薯 | 300克 |
| 海带蔬菜高汤（见P14） | 4杯 |
| 法国面包 | 4片 |

## ·调味料·

| | |
|---|---|
| 迷迭香橄榄油 ① | 2大匙 |
| 蔬菜调味精 ① | 1/4小匙 |
| 白胡椒粉 ① | 1/4小匙 |
| 鲜奶油 | 3大匙 |
| 盐 | 1/4小匙 |
| 豆蔻粉 | 1/6小匙 |

〔见P32〕　〔见P25〕　〔见P23〕

**美味小贴士**

可在浓汤上再添加爆米花当 TOPPING（浇料），喝汤时爆米花略吸附汤汁成为不同的美味，又是吃素食的另一种乐趣。

## ·做法·

1 马铃薯去皮、切片，备用。

2 起锅，加入迷迭香橄榄油烧热，放入马铃薯以中小火炒香。

3 加入海带蔬菜高汤、蔬菜调味精、白胡椒粉，以中小火熬煮10分钟。

4 再以手持搅拌棒将做法3的材料搅打均匀，维持中小火煨煮3分钟至浓稠状。

5 最后加入鲜奶油、盐、豆蔻粉拌匀即可，盛碗搭配法国面包食用。

美味小贴士

* 用细甘薯粉勾芡，黏性比太白粉高，较不易出水（还水）。与太白粉相比，勾芡后的汤汁不太透明，适合用于不会一次吃完的料理。因为甘薯粉略带颗粒所以不易溶解，调芡汁时务必彻底搅拌均匀。

* 若是勾好芡再调味，会使食材无法入味，所以要在调味完成后再勾芡。勾芡完成后加入的油类并不会影响羹汤浓度。

* 勾芡的最佳时机是料理即将煮熟时，太早勾芡会让芡汁中的淀粉因为加热过久造成汤汁糊烂。倒入芡汁后等3～5秒，待淀粉开始糊化后再搅拌。

# 🍴 鲜笋美味羹〔全素〕

・材料・ ＼ 分量：4人份 ／

A 绿竹笋 —————————— 200克
  金针菇 —————————— 50克
  胡萝卜 —————————— 30克
  鲜香菇 —————————— 30克
  黑木耳（新鲜）————— 20克
  海带蔬菜高汤（见P14）

  ————————————— 2000毫升
B 细甘薯粉 ———————— 50克
  水 ———————————— 80毫升
  香菜 —————————— 15克

・调味料・

沙茶粉 ① —————————— 1/4小匙
荫油 ———————————— 1大匙
味霖 ———————————— 1大匙
香油 ———————————— 1大匙

  〔见P29〕

・做法・

1  绿竹笋、胡萝卜、香菇及黑木
   耳分别切丝，备用。

2  金针菇去尾部，切成两段。香
   菜切段，备用。

3  起锅，加入1大匙葡萄籽油（分
   量外）烧热，放入胡萝卜、香
   菇及沙茶粉，以中小火炒香。

4  再加入黑木耳、绿竹笋及海带
   蔬菜高汤，转中火煮至汤汁滚
   沸。

5  再加入金针菇、荫油、味霖，
   转中小火煮5分钟。

6  将细甘薯粉加水调成芡汁，倒
   入锅中勾芡，熄火，加入香
   油、香菜即可。

# 🍴 荔枝炖鲜梨 〔全素〕

### ·材料· ＼分量：4人份 ／

| A | 梨 | 150克 |
|---|---|---|
| | 山药 | 120克 |
| | 牛蒡 | 100克 |
| | 薏仁 | 50克 |
| | 荸荠 | 50克 |
| | 荔枝干 | 30克 |
| | 枸杞 | 30克 |
| | 白木耳（新鲜） | 20克 |
| B | 海带蔬菜高汤（见P14） | |
| | | 2000毫升 |

### ·调味料·

| 盐 | 1/4小匙 |
|---|---|
| 白胡椒粉 ① | 1/4小匙 |

①

〔见P23〕

### ·做法·

1. 梨、山药分别去皮，切块。牛蒡削去外皮，切片泡水，备用。

2. 将海带蔬菜高汤倒入锅中，加入所有材料A、调味料。

3. 以中小火煮至滚沸后，转小火煨煮20分钟即可。

### 关于食材

**荔枝干**

荔枝干为新鲜荔枝经日晒或烘焙干燥制成，果肉厚实，口感自然香甜。含丰富糖类、蛋白质，可温补气血。除了当零食吃，也可以用它泡茶、煮粥、煮汤。

### 美味小贴士

＊荔枝干与梨炖煮，汤头略为呈现琥珀色，荔枝干精华释放于汤中，略带果香味。荔枝干万不可更换为龙眼，否则味道就不对劲了。

＊可以利用高压锅烹煮，将食材放入后以中小火上压，转小火计时5分钟后熄火，待压力阀下降泄压后掀开锅盖，汤头更为清澈，美味浓郁。

# 麻油酒香锅 〔全素〕

## ·材料· ╲分量：4人份／

| | |
|---|---|
| 紫米糕（见P79） | 120克 |
| 卷心菜 | 100克 |
| 油豆腐 | 100克 |
| 胡萝卜 | 60克 |
| 玉米 | 50克 |
| 鸿喜菇 | 50克 |
| 美白菇 | 50克 |
| 鲜香菇 | 50克 |
| 花菜 | 30克 |
| 秋葵 | 4支 |
| 腰果 | 20克 |
| 海带蔬菜高汤（见P14） | 2000毫升 |

## ·调味料·

| | |
|---|---|
| 姜麻油 ① | 3大匙 |
| 酒酿 | 2大匙 |
| 盐·1/2小匙 | |
| 白胡椒粉 ① | 1/4小匙 |

〔见P33〕　　〔见P23〕

> **美味小贴士**
> 此汤品略带淡淡的酒酿香，可以加入冬粉或是面条做成汤面。材料中的蔬菜类可以依照个人喜好调整变化。

## ·做法·

1  紫米糕、卷心菜、油豆腐切块。花菜切小朵。胡萝卜去皮后切块。玉米切段。香菇菇伞与菇柄切开。鸿喜菇和美白菇去蒂，备用。

2  将海带蔬菜高汤倒入锅中，加入所有调味料及腰果，以中火煮开。

3  加入胡萝卜、玉米以小火熬煮5分钟。

4  再加入卷心菜、油豆腐、紫米糕、鸿喜菇、美白菇、香菇及花菜、秋葵，煮至熟透即可。

# 🍴 泰式酸辣河粉汤〔奶蛋素〕

## ·材料· ＼分量：4人份／

| | |
|---|---|
| 越南河粉 | 150克 |
| 香菇梗素羊肉（见P78） | 50克 |
| 番茄 | 1个 |
| 自制魔芋素鱼片（参考P91做法1~7） | |
| | 数片 |
| 九层塔 | 10克 |
| 泰式清汤（见P14） | 6杯 |

## ·调味料·

| | |
|---|---|
| 酸辣汤酱（市售） | 4大匙 |
| 淡酱油 | 1大匙 |
| 冰糖 | 1/2小匙 |

## ·做法·

1 越南河粉泡水30分钟，沥干。番茄去蒂，切滚刀块。九层塔摘嫩叶，备用。

2 将泰式清汤倒入锅中，以中火加热，加入酸辣汤酱、番茄及香菇梗素羊肉熬煮20分钟。

3 再加入淡酱油、冰糖调味，转小火继续煮5分钟。

4 最后加入越南河粉及魔芋素鱼片、九层塔即可。

> 美味小贴士
>
> 越南河粉很快就能煮熟，在汤底熬好后，将越南河粉直接放入高汤中，它碰到热汤就熟了。如果持续加热熬煮，会导致越南河粉过于软烂，变成一小段一小段的。

# 🍴 日式南瓜味噌汤〔奶素〕

## ·材料· ＼分量：4人份／

| | |
|---|---|
| 栗子南瓜 | 400克 |
| 玉米 | 100克 |
| 胡萝卜 | 60克 |
| 甘薯叶 | 40克 |
| 白木耳（新鲜） | 20克 |
| 海带蔬菜高汤（见P14） | 5杯 |

## ·调味料·

| | |
|---|---|
| 鲜奶 | 1杯 |
| 味噌 | 2大匙 |
| 香菇粉 ① | 1/4小匙 |
| 海带粉 ② | 1/4小匙 |
| 盐 | 1/4小匙 |

① 〔见P23〕　② 〔见P25〕

## ·做法·

1　栗子南瓜去皮、去瓤后，取200克切片，其余切块，备用。

2　玉米切块。胡萝卜切滚刀块，备用。

3　起锅，加入1大匙葡萄籽油（分量外）烧热，放入南瓜片以中小火拌炒5分钟。

4　加入海带蔬菜高汤、味噌，以中小火熬煮5分钟；再以手持搅拌棒搅打均匀。

5　再加入胡萝卜、南瓜块、玉米、香菇粉、海带粉及盐，继续熬煮5分钟。

6　加入鲜奶煮至再次滚沸后，加入甘薯叶和白木耳，再次煮沸至熟透即可。

### 美味小贴士

这是借助日式拉面汤底的类似浓汤的概念。将南瓜打成泥状，如果保留南瓜皮及瓤，汤底会有杂质颗粒，但营养价值相对也更丰富。

### 关于食材

**栗子南瓜**

栗子南瓜煮熟后，果肉为金黄色，吃起来的口感像栗子般松软香甜。因采收时果肉较成熟且皮很薄，若有碰撞受伤再加上气温高，就容易从表皮腐坏，但不会影响果肉，遇到这种情况可切除表皮，并立即冷藏。

# 🍴 香草蔬菜汤 〔全素〕

## ·材料· ＼分量：4人份 ／

| | |
|---|---|
| 笋子菜卷（见P80） | 120克 |
| 玉米 | 100克 |
| 番茄 | 80克 |
| 抱子甘蓝 | 60克 |
| 西芹 | 50克 |
| 松本茸 | 40克 |
| 香草高汤（见P15） | 2000毫升 |

## ·调味料·

| | |
|---|---|
| 盐 | 1大匙 |
| 海带粉 ① | 1/4小匙 |

① 〔见P25〕

## ·做法·

1 玉米及抱子甘蓝切半。番茄去蒂后切块。西芹用刨刀刮除表皮，切小圆块。松本茸每朵对切为4小块，备用。

2 将香草高汤倒入锅中，开中火煮开，加入盐及海带粉，再加入玉米及番茄持续熬煮5分钟。

3 再加入西芹、抱子甘蓝、松本茸，以中小火煨煮5分钟。

4 最后加入笋子菜卷，略煮即可。

### 美味小贴士

可在做法3中添加自己做的西式调味粉，如万用香料粉等，在最后完成时再撒上也可以。

### 关于食材

**抱子甘蓝**

又称球芽甘蓝，为十字花科蔬菜，一球直径2.5～4厘米，蛋白质含量居甘蓝类蔬菜第一。口感与未长大的小卷心菜相似，味道微苦带点坚果香。它的苦味来自"异硫氰酸盐类化合物"，其含有硫黄的气味，但也就是这个成分让抱子甘蓝具抗癌功效。

# 🍴 吉祥扣碗〔全素〕

·材料· ＼分量：4人份／

| | |
|---|---|
| 大白菜 | 300克 |
| 自制和风百灵菇（参考P108做法1~3） | |
| | 200克 |
| 金针菇 | 50克 |
| 鲜香菇 | 30克 |
| 黑木耳（新鲜） | 20克 |
| 香菜 | 15克 |
| 海带蔬菜高汤（见P14） | 5杯 |

·调味料·

| | |
|---|---|
| XO酱 ① | 1大匙 |
| 荫油 | 2大匙 |
| 盐 | 1大匙 |
| 白胡椒粉 ① | 1/2小匙 |
| 香油 | 1大匙 |

 ①           ①

〔见P42〕          〔见P23〕

·做法·

1 大白菜切大片。和风百灵菇切片。金针菇去尾部，切成两段。取1朵香菇切去菇柄，剩下的切丝。黑木耳切丝。香菜切段，备用。

2 扣碗中先倒放1朵香菇，再将和风百灵菇片排入碗中（可参考P168），备用。

3 起锅，加入1大匙葡萄籽油（分量外）烧热，放入香菇以中小火炒香，再加入大白菜、黑木耳、金针菇和XO酱拌炒。

4 加入荫油、盐、白胡椒粉、水1杯（分量外），煮5分钟，待白菜软化，加入香油拌均匀即可熄火。

5 捞起填入做法2的碗中，再放入蒸笼，以大火蒸20分钟。

6 将海带蔬菜高汤煮开，加盐1/4小匙（分量外）调味。

7 取出做法5的扣碗倒扣在汤碗中，舀入适量做法6的汤汁，摆上香菜即可。

# ⑪ 猴头菇芥菜头汤〔奶素〕

## ·材料· ＼分量：4人份 ／

| | | |
|---|---|---|
| A | 芥菜头 | 300克 |
| | 猴头菇（冷冻品） | 100克 |
| | 干腐皮 | 40克 |
| | 姜片 | 20克 |
| | 芹菜 | 20克 |
| | 香菜段 | 10克 |
| B | 海带蔬菜高汤（见P14） | 2000毫升 |

## ·调味料·

| | |
|---|---|
| 蔬菜调味精 ① | 1/4小匙 |
| 盐 | 1/4小匙 |
| 白胡椒粉 ① | 1/4小匙 |

① 〔见P25〕

① 〔见P23〕

## 美味小贴士

＊干腐皮可事先用冷水泡至软化再煮。市面上有湿豆皮及干腐皮，区别在于湿豆皮务必要冷冻保存，干腐皮已脱水成干货类，烹煮前可先泡水至软化再煮；口感上湿豆皮较为软嫩，干腐皮较有嚼劲。

＊此道菜汤头格外清甜，材料非常简单，运用当季芥菜头特别好吃，白胡椒粉可以略加多一点。

## ·做法·

1 芥菜头去皮后切大块。芹菜切粒。干腐皮泡水至软化，备用。

2 将海带蔬菜高汤倒入锅中，以中火煮沸。

3 再加入芥菜头、猴头菇、姜片及干腐皮，煮开后转小火，煨煮15分钟。

4 加入调味料调味，再加入芹菜、香菜即可。

## 图书在版编目（CIP）数据

素食调味教科书 / 李耀堂著. —郑州：河南科学技术出版社，2021.4
ISBN 978-7-5725-0278-1

Ⅰ.①素…　Ⅱ.①李…　Ⅲ.①调味料–制作　Ⅳ.①TS264

中国版本图书馆CIP数据核字（2021）第019130号

出版发行：河南科学技术出版社
　　　　　地址：郑州市郑东新区祥盛街27号　　邮编：4500016
　　　　　电话：（0371）65737028　　65788613
　　　　　网址：www.hnstp.cn
策划编辑：李　洁
责任编辑：李　洁
责任校对：崔春娟
封面设计：张　伟
责任印制：张艳芳
印　　刷：河南瑞之光印刷股份有限公司
经　　销：全国新华书店
幅面尺寸：787 mm ×1 092 mm　　1/16　　印张：11.5　　字数：250千字
版　　次：2021年4月第1版　　2021年4月第1次印刷
定　　价：78.00元

如发现印、装质量问题，影响阅读，请与出版社联系并调换。